Louis Reybaud

L'Exposition universelle de Paris

Le savoir
en poche

ISBN : 978-1547142033

10 9 8 7 6 5 4 3 2 1

Louis Reybaud

L'Exposition universelle de Paris

Le savoir
en poche

Table de Matières

I. Aspect général. — Les industries-mères.

I

Voici sept semaines déjà que l'exposition du Champ de Mars est ouverte, et à peine est-il permis de porter sur elle un jugement sommaire. Les débuts, à vrai dire, n'en ont pas été heureux ; la mise en scène a paru manquée ; un moment on a craint un échec. Personne, au jour de l'inauguration, qui eût l'air de prendre son rôle au sérieux, ni la commission impériale, ni les exposants, ni le public ; les esprits étaient ailleurs, et au milieu des bruissements d'armes qui remplissaient l'Europe cet appel aux arts de la paix ressemblait singulièrement à une ironie. Les intempéries, en se succédant, y ajoutaient un motif de découragement de plus, si bien que les grandes industries sont restées longtemps en retard ; on ne voyait guère à leur poste que les industries hors de concours dont le seul mérite consiste à rançonner les curieux.

Pour conjurer ces mauvaises chances, il a fallu du temps et un certain effort, aujourd'hui arrivé à son terme. Les galeries ne sont plus livrées au déballage forcené qui, dans le premier mois, les rendait inabordables ; les vitrines sont en général garnies, et les étalages seront bientôt au complet ; l'aspect est incomparablement meilleur. D'autre part, nous voici en pleine trêve, et la saison est devenue plus clémente. De là un retour d'opinion très sensible, et comme on avait exagéré le mal, on s'efforce d'exagérer le bien. L'impression juste est entre les deux extrêmes. En réalité, ce qu'il y avait d'accidentel dans les mésaventures de la première heure a disparu ou tend à disparaître ; mais il y a sur le fond même des choses des objections qui malgré tout persistent, et au sujet desquelles il est bon de s'expliquer.

Le point par où pèche surtout l'exposition de 1867, c'est le régime constitutif qui la gouverne : ce qu'elle a de plus vulnérable lui vient de là. Ce régime n'est pas celui où l'état, seul amphytrion, non-seulement traite largement ses invités, mais distribue à un certain nombre quelques marques de sa munificence. Ce n'est pas non plus celui d'un banquet par souscription où chaque convive contribuerait au fonds commun mis en réserve pour une distribution de lots. Ce n'est en un mot ni le régime français, qui est une œuvre officielle, ni le régime anglais, qui est une spéculation privée ; c'est on ne sait quoi qui n'a ni la grandeur de l'un, ni les libres allures de l'autre. On n'était pas pourtant sans savoir ce que de tels mélanges recèlent d'inconvénients ; l'épreuve en avait été faite en 1855. Alors également l'état s'était trouvé accouplé, bien à contrecœur, avec la compagnie qui avait fait construire l'insuffisant palais des Champs-Elysées : cette compagnie tenait à la lettre les clés de la maison. Force fut donc de s'accommoder avec elle, d'agir, de gérer en commun, Dieu sait au prix de quels embarras et de quels tiraillements ! Ni pour les attributions, ni pour les comptabilités, le partage n'avait pu être si bien réglé qu'il ne s'élevât chaque jour des confusions et des conflits. Beaucoup de services en souffrirent, et un procès s'en serait suivi, si l'état n'avait fini par où il aurait dû commencer, l'acquisition onéreuse de l'immeuble. Ce fut le seul moyen de divorce possible pour ce ménage mal assorti.

La leçon était rude, et dans une certaine mesure l'état l'a mise à profit. Il n'a plus voulu être à bail chez autrui, ni se donner des associés directs et en nom, il est chez lui. Une loi a affecté 6 millions aux travaux à exécuter, et la ville de Paris s'est engagée pour une somme égale en argent ou en travaux accessoires, 12 millions en tout, plus la jouissance à titre gratuit des terrains désemparés du domaine public. Certes il y avait, avec ces ressources, de quoi faire de la belle et bonne besogne, à la condition toutefois de ne pas pousser les ambitions trop loin. Dans ces termes, s'il s'y fût enfermé, l'état restait maître de son action, et, n'ayant de partie liée avec personne, n'enchaînait pas à l'aventure sa responsabilité ; il n'était comptable qu'envers lui-même, seul rôle au fond digne de lui. Il devait s'en tenir là. Comment et par quel goût du compliqué est-il sorti d'une situation d'abord si simple ? On se l'explique difficilement, toujours est-il qu'on en est sorti, et voici ce qu'on a imaginé : pour ne pas dépasser, quoi qu'il arrivât, la limite des crédits ouverts et parer pourtant à l'imprévu, on a créé un fonds de réserve ou plus exactement un fonds de garantie à demander au public jusqu'à la concurrence de 8 millions, ce qui, avec les 12 millions officiels, portait à 20 millions la disponibilité des ressources. C'est ainsi que l'exposition, au lieu d'être simplement un concours, est devenue pour la seconde fois une affaire. Seulement, au lieu d'associés en nom, ce qui est une charge et une gêne, on a cherché des bailleurs de fonds plus commodes et moins bien armés. On en avait de tout trouvés et jusqu'à un certain point d'assujettis dans les couches supérieures de l'industrie ; on leur a proposé de s'associer aux chances de l'entreprise comme participants et comme garants au moyen d'une combinaison empruntée au régime des compagnies d'assurances, la souscription sans versement immédiat. Point de coupure fixe d'ailleurs, chacun a pu se taxer à son gré, et il demeurait convenu que les sommes ainsi garanties seraient couvertes par l'abandon des premières recettes. En fin de compte, tout sera réglé au marc le franc : s'il y a bénéfice, les souscripteurs se le partageront ; s'il y a perte, elle sera répartie entre eux ; cette opération de circonstance se terminera, comme tous les actes de commerce, par une liquidation.

A tout prendre, ce n'est pas le procédé en lui-même qui est défectueux. Qu'une exposition soit l'œuvre d'une spéculation privée, rien de plus naturel et dans beaucoup de cas rien de meilleur. L'exemple de l'Angleterre et de l'Amérique du Nord en fait foi ; mais l'élément de vie d'une spéculation privée est une liberté entière : comme elle agit à ses risques et périls, il faut qu'elle dispose pleinement d'elle-même et marche à son but par les voies qui lui conviennent. Maîtresse absolue de ses moyens, elle répond en même temps de ses actes, et si elle commet des erreurs ou cause des scandales, c'est à elle seule qu'on peut les imputer. Voilà ce qu'est la spéculation privée dans les pays qui la prennent au sérieux ; ce qui n'en est que la contrefaçon, c'est le système mal venu que la commission impériale a en définitive adopté : l'état se donnant des associés de passage sans se dessaisir d'aucun de ses pouvoirs, tenant les cartes pendant qu'ils font le jeu, les déchargeant de tout souci, pourvu qu'ils délient leurs bourses dans le cas où les recettes n'iraient pas au niveau des dépenses. S'il y a en ceci une spéculation privée, on peut dire qu'on l'a traitée comme ces interdits à qui le code inflige l'assistance d'un conseil judiciaire. Notons d'ailleurs que cette combinaison ne remplit pas le principal objet qu'elle avait en vue, et qui était de mettre à couvert la responsabilité de l'état, car il reste en butte aux petites avanies de détail, accompagnement obligé de ces grandes cohues d'hommes et d'intérêts.

Plus on y réfléchit, moins on comprend les motifs qui ont déterminé la commission impériale à former cette société en participation. Ne faut-il y voir que la crainte d'être à court de fonds pour les services financiers ? Il y aurait eu, le cas se présentant, d'autres moyens et des moyens plus sûrs de se procurer des avances, un virement, par exemple, qui plus tard eût été couvert par les recettes, ou tel autre expédient de trésorerie facile à suggérer. Tout eût mieux valu pour les besoins d'urgence que ces engagements conditionnels d'une réalisation incertaine et lente. Ce n'a donc point été là un motif déterminant. Serait-ce plutôt le désir d'associer au succès de l'exposition les hommes et les établissements qui déjà en faisaient les principaux frais ? Ce calcul eût porté à faux ; un surcroît de charges refroidit plus qu'il ne réchauffe l'ardeur de ceux à qui on l'impose. En réalité, il n'y avait dans ce concours éventuel d'autre avantage démontré que de faire peser, le cas échéant, sur d'autres caisses que celles de l'état les conséquences d'un échec ; mais alors quel concert de plaintes ! Voit-on d'ici l'accueil réservé à cette manière de prendre congé des gens ? Beaucoup de souscriptions stipulent des sommes assez fortes, quinze, vingt, vingt-cinq mille francs : les signatures ont été facilement données ; en serait-il de même de l'argent, si on en venait aux rentrées ? A coup sûr il y aurait des récalcitrants, ne fût-ce que dans un accès de mauvaise humeur, et il faudrait intenter des poursuites. Quelles plaidoieries alors ! On se les figure, et transiger avec un seul serait transiger avec tous. De quelque façon qu'on s'y prenne, le droit d'examen s'ouvrirait dès la première demande de recouvrement, et les faits de gestion seraient passés à un crible sévère : on chercherait à qui s'en prendre de ces dommages privés, et si une rupture diplomatique en était cause, on ne manquerait pas de dire avec le poète latin que ce sont les sujets qui souffrent quand les fois délirent.

Si j'ai insisté sur cette conception malheureuse, c'est qu'à mon sens elle est pour beaucoup dans les écarts de mise en scène qu'on peut reprocher à l'exposition. Que la commission impériale fût restée cantonnée dans les crédits que lui ouvrait la loi, sans répétition à exercer d'aucun côté, il est à croire qu'elle ne se fût pas mis l'esprit à la torture pour pousser à l'effet et forcer les recettes. Il y avait dans l'objet même de l'exposition, dans le local choisi, dans la notoriété acquise, tous les éléments d'un grand succès, d'autant plus légitime qu'aucun mélange ne l'eût altéré. La commission eût pu faire brillamment les choses sans cesser de les faire dignement. L'intrusion d'associés à un titre quelconque a créé d'autres droits et par suite d'autres devoirs ; il s'est agi de leur donner à gagner et de les empêcher de perdre. L'exploitation est née alors, et l'exploitation a peu de scrupules sur les moyens qu'elle emploie ; elle se tient pour justifiée dès qu'elle fait de l'argent. De là les spectacles au moins équivoques qu'offre au public sensé le palais de l'exposition, et une suite de tributs entés les uns sur les autres et raffinés jusqu'au génie.

Le plus onéreux de ces tributs est le loyer de l'espace concédé aux exposants. Il en a été de ces concessions comme des terrains à bâtir distribués dans Paris, où le prix du mètre superficiel varie suivant les quartiers. Tel coin favorisé n'a été enlevé qu'au feu des enchères, et il a fallu y ajouter les charges non moins lourdes d'une appropriation déterminée. On prétend qu'une exposition est pour ceux qui y figurent une source de profits, et qu'il est juste de prélever d'avance sur ces profits une sorte de dîme pour couvrir une partie des frais généraux. Il y a là une illusion. Le fait est que ces grands étalages sont, pour la majeure partie des exposants, une dépense, une forte dépense en pure perte. Ils y souscrivent pour divers motifs, dont les moins puissants ne sont pas l'appel bruyant et souvent les sommations directes qu'on leur adresse. L'esprit d'imitation, une bouffée de vanité, l'espoir d'une médaille, achèvent de les décider. On a une vitrine parce que les concurrents ont la leur et que même sur ce terrain on veut leur tenir tête ; mais c'est au fond un souci qu'on ne cherche pas et dont on s'affranchirait volontiers. Une seule catégorie, quand on consent à l'admettre, trouve dans une exposition des profits directs : c'est celle des détenteurs de seconde main qui débitent ce que d'autres fabriquent, et pour qui une place au palais du Champ de Mars est l'équivalent d'une annonce permanente sur la quatrième page des journaux. Pour cette catégorie d'exposants, l'espace n'est jamais trop cher, et quel plaisir on éprouve à les surfaire ! Ce sont des parasites après tout ; ils ont dû payer comme tels. Serait-ce également à ce titre qu'ils occupent la tête de colonne au seuil même du vestibule d'honneur ? Voilà où l'excès commence, quelque prix qu'ils aient pu y mettre. Il n'est pas bon que, dès le premier aspect, une exposition sérieuse puisse être confondue avec une suite de magasins de nouveautés ; à le faire, elle déroge et déchoit.

Il est vrai que les parasites remplissent une bonne moitié du Champ de Mars, et qu'en les éliminant on aurait fait un vide énorme dans l'enceinte et dans la caisse. Cette dernière considération est d'un certain poids ; elle explique bien des faiblesses. Évidemment les industries productives ne seraient pas si bien logées sans les contributions ingénieuses prélevées sur les industries parasites. On n'accomplit pas impunément des travaux d'Hercule, fleuves domptés et détournés de leur cours, ponts jetés sur les voies publiques, terrassements aux flambeaux, embranchement spécial de chemin de fer, parcs et jardins improvisés sur un champ de sable. Ces merveilles ne sortent pas de terre d'un coup de baguette, comme dans les féeries ; le seul talisman qui les crée, c'est l'argent dont les industries parasites ont versé leur large part, et en retour duquel on leur a délivré, avec la jouissance d'un local, un brevet de plein exercice sur les besoins et les fantaisies du public. C'est merveille de voir quelle fière contenance y gardent les services de la bouche et dans quel ordre régulier ils s'étalent sur les fronts principaux des constructions, avec des mets et des boissons empruntés à tous les pays et offerts dans toutes les langues. Il y a là, pour les estomacs aguerris, les éléments d'une étude comparée qui se rattacherait aisément aux programmes des concours. Pourquoi pas ? pourquoi la commission impériale désavouerait-elle une œuvre si bien réussie ? Cela anime et cela rapporte : qu'exiger de plus ?

D'autres détails en revanche n'ont pas tenu ce qu'on s'en était promis ; il y a eu des divertissements et des spectacles manques, entre autres l'exhibition de délégués de quelques nations et peuplades lointaines. L'annonce en avait été positivement faite, et les signalements donnés. Ces délégués devaient venir dans leur costume habituel, pourvus de tout ce qui constitue leur originalité, armes de guerre, engins de pêche ou de chasse, ustensiles de travail que les curieux pourraient voir manœuvrer sous leurs mains. Il va sans dire que ce monde nomade a fait en grande partie défaut. Ce qui a pu en ceci troubler l'imagination de la commission impériale, ce sont les souvenirs des deux expositions de Londres ; mais à Londres il suffisait de jeter un coup de filet dans les docks de la Tamise pour y ramasser par centaines des Orientaux dont il n'y avait plus qu'à faire le tri. La marine anglaise, qui prend ses matelots à la cueillette, offre en ce genre une grande variété de choix ; elle loge dans ses entreponts toutes les nuances de teint et tous les tatouages ; on peut y louer à la journée ou au mois des *mâouris* ou des *lascars* et les exhiber en toute assurance ; ces gens-là ont de l'acquis et posent très bien. Paris n'est pas dans le même cas ; les quais de la Seine n'ont à aucun degré l'équivalent de la foule bigarrée d'un port de mer, et notre marine marchande est soumise à un régime qui ne s'accommoderait pas d'équipages pittoresques. Quand, pour le coup d'œil, on a besoin de figurants basanés, il faut les faire venir de loin, ou se contenter des moins authentiques ; il n'y en a pas chez nous de tout portés.

Aussi y a-t-il eu des vides dans cette partie de l'exposition : ceux qu'on attendait ne sont pas venus, et peut-être en est-il venu sur lesquels on ne comptait pas. La plus belle collection de types appartient à la Suède et à la Norvège ; les costumes en sont frappants ; il est vrai que les figures sont en cire. Au naturel, on a quelques Arabes avec leurs chameaux et leurs dromadaires, des Russes et leurs chevaux des steppes, des Chinois et des Chinoises cloîtrés dans un pavillon, des Mexicains sur la plateforme d'un tombeau aztèque, des Égyptiens en nombre, enfin des virtuoses de Tunis qui donnent à un public mêlé l'échantillon d'un café-concert, tel qu'on les comprend en pays barbaresque. En somme, ces scènes récréatives font honneur aux cerveaux d'où elles sont sorties. On nous en promet d'autres ; rien ne coûtera pour attirer la foule quand toutes les idées sombres se seront évanouies. Les feux électriques verseront chaque soir des clartés telles que les moindres sentiers en seront inondés ; les phares seront tous en mouvement, les orchestres tous en branle ; sur le théâtre qui s'achève auront lieu des représentations dignes des visites royales qu'on nous annonce. Chaque jour alors sera un jour de liesse, et la commission se justifiera ainsi d'avoir ajouté à sa tâche régulière l'entreprise des menus plaisirs du public ; elle éblouira jusqu'à ceux qui l'accusent d'avoir dérogé. En même temps elle aura grossi ses recettes, rétabli l'équilibre dans son budget et soulagé ses associés bénévoles du souci des règlements de comptes.

Ces petites querelles vidées, il convient pourtant de rendre aux ordonnateurs cette justice, qu'on s'accoutume aisément aux dispositions et aux embellissements de leur local. Ce qui en plaît, c'est la liberté de mouvements dont on y jouit. Dans les anciens palais, — c'est le nom convenu, — après s'être étouffé aux portes, il fallait à l'intérieur suivre les courants établis ou agir des coudes pour se frayer un passage. Au Champ de Mars, dès l'entrée, on a l'espace devant soi, trop d'espace, car on ne sait où aller. La foule, qui était une gêne, était aussi un guide ; ce guide manque ici. Au-delà des tourniquets, la dispersion commence ; chacun va où son caprice le porte, celui-ci vers le phare dont le pied baigne dans l'eau, celui-là vers le pavillon où la société des missions distribue généreusement ses bibles. On peut déjà, de l'avenue que bordent des mâts vénitiens, embrasser les constructions bariolées qui entourent le palais. Faut-il le dire ? l'effet en est tumultueux et irritant pour le regard ; il y a là une confusion d'où les détails ne se dégagent pas avec une suffisante netteté. Ces constructions, jetées au hasard, semblent attendre que le feuillage les masque plus complètement tout en ménageant des perspectives. Telles qu'elles apparaissent, l'entassement y est trop visible, le choc des lignes trop accusé ; rien ne se profile, tout chevauche. Dans le style, c'est l'Orient qui domine ; la Perse, l'Égypte, l'Inde, y ont quelques spécimens, mais le gros se compose d'imitations byzantines si multipliées qu'on se croirait en face de la Corne d'Or ; une mosquée est là pour rendre l'illusion plus complète. En somme, tout rappellerait l'image et les croyances d'un pays turc, si à peu de distance deux églises, l'une catholique, l'autre évangélique, ne rétablissaient entre les divers cultes un équilibre rassurant.

Ces monuments en miniature sont les uns des réductions architecturales, les autres des constructions de fantaisie. La destination n'est pas toujours en rapport avec le style, témoin le pavillon de l'empereur, qui ressemble à un kiosque de sultan. Quatre fois sur cinq on tombe sur de petites installations qui n'ont d'asiatique que l'enveloppe, ici des armes et des canons, là des verrières, plus loin des plans en relief ou bien des photo-sculptures. Dans quelques locaux se trouvent rangés des morceaux d'archéologie bons à étudier, c'est le petit nombre ; les autres ne renferment guère que des sujets de déception et seraient à mettre à l'index. Ainsi, à côté des sphinx qui gardent les avenues du temple d'Edfou microscopiquement reproduit, l'exposition égyptienne nous donne le modèle réduit d'un *okel*, sorte d'entrepôt ou bazar arabe comme on en voit près du Caire, à Boulaq. Or que signifie un bazar sans les denrées qui le garnissent et la foule qui l'anime ? On ne l'eût compris qu'avec des marchands accroupis sur leurs établis extérieurs, plus occupés en apparence de leur pipe que de leurs affaires, et armés vis-à-vis du chaland qui passe d'un flegme bien voisin du dédain. Voilà le bazar d'Orient qu'il faut voir sur les lieux et dont aucune contrefaçon ne peut donner l'idée.

Nous voici arrivés de proche en proche sur le front principal du palais, celui qui regarde la Seine. Quel est le style du monument ? Et d'abord est-ce un monument, et ce monument a-t-il un style ? On peut se poser ces questions. Il y a vingt ans de cela, il nous est ne une école d'architecture aux débuts de laquelle beaucoup d'entre nous ont assisté. C'est l'architecture qui emploie le métal et le bois à l'exclusion de la pierre ; sa marche n'a été qu'une suite d'empiétements. Après s'être contentée longtemps de quelques ponts et de quelques faîtages, elle a fini par s'introduire partout où l'économie dans le premier coût importe plus que les conditions de durée. Œuvre éphémère par destination, le palais du Champ de Mars devait lui échoir ; il ne comportait pas de matériaux trop consistants, et ne relevait guère que d'un art d'appropriation. Pourvu que la circulation y fût facile, l'espace bien distribué, que la lumière et l'air y pénétrassent avec abondance, l'objet était rempli. Le style serait celui qui concilierait le mieux ces conditions ; quant à l'ornement, le moindre suffirait, — quelques motifs en fonte moulée et l'équivalent de ces disgracieux diadèmes qui couronnent beaucoup de nos constructions. Nulle part on n'était mieux fondé à appliquer le principe qui résume la science du beau appliquée à l'industrie : la plus grande utilité possible au prix de la moindre dépense.

C'est dans cet esprit et sur ces données que le palais a été construit ; il répond exactement à ce que l'on s'est proposé. Par sa toiture à ciel ouvert et les larges croisées qui le ceignent, la lumière y entre à flots ; l'air n'abonde pas moins par des soupiraux à fleur de sol où des machines souterraines entretiennent une énergique ventilation. La forme générale du bâtiment représente avec assez de pré-

I. Aspect général. — Les industries-mères.

cision un cirque oblong de 1,400 mètres de pourtour, se découpant à l'intérieur en galeries circulaires dont les proportions diminuent à mesure qu'on se rapproche du centre, et dont un jardin bordé de portiques est pour ainsi dire le noyau. Au dehors, le ton qui prévaut est l'uniformité, si complète, si rigide, qu'elle en devient fatigante ; c'est toujours la même attique, ce sont les mêmes croisées. On a beau marcher, on ne croirait pas avoir changé de place. Il y a bien sur les quatre fronts d'entrée un peu de décor, mais si peu qu'il ne saurait porter ombrage à la simplicité du reste. C'était là d'ailleurs une des suites naturelles du plan adopté ; dès qu'on, ne visait pas à un effet d'art, il fallait faire de l'édifice ce qu'il est, un caravansérail pour des marchandises et des populations de passage.

Ainsi des voies circulaires coupées par des secteurs transversaux, voilà l'enceinte intérieure où se distribuent les groupes et les classes de produits. Des diverses enveloppes qui forment cette enceinte, il n'y en a que deux de fixes, les deux extrêmes ; les autres sont susceptibles de déplacement ; une certaine latitude a été laissée là-dessus aux exposants, en tant que les dispositions particulières ne troubleraient pas l'harmonie des dispositions générales. C'est à ces dispositions générales qu'il faut s'arrêter un moment. On en a parlé comme de modèles de précision ; on a même fait là-dessus des théories empruntées à l'esprit géométrique qui insensiblement nous envahit. Voici la plus officielle de ces théories. L'enceinte de l'exposition, nous dit-on, a été arrangée d'après la table de Pythagore, ni plus ni moins. C'est un véritable damier où la même série de cases peut être parcourue à la fois longitudinalement et transversalement. Longitudinalement les cases offrent les produits rangés par nationalités ; transversalement elles les présentent disposés suivant leur nature. Dès lors le visiteur, en parcourant les premières d'Un bout à l'autre, peut juger de l'exposition entière des divers pays ; ; en s'engageant dans les secondes, il voit successivement au contraire tous les produits de même nature de chaque peuple. Seulement, comme le damier a des angles qui sont défectueux, on en a arrondi les extrémités, de sorte qu'il n'y a plus dans l'enceinte que deux espèces de voies, les voies circulaires et les voies rayonnantes.

Soit, voilà bien la théorie fidèlement transcrite ; il reste à savoir si la pratique y répond. J'en puis parler d'après une épreuve personnelle ; cette épreuve, cinq fois recommencée, m'a chaque fois mal réussi. Mes précautions avaient été pourtant bien prises. Sans négliger ni la table de Pythagore ni les dispositions du damier, j'ai cherché si réellement l'accord entre les cases longitudinales et les cases transversales existait au degré de certitude qu'indique la formule. Il m'a semblé que non ; peut-être était-ce de ma part une erreur d'optique. Au lieu de la concordance que j'attendais, j'ai eu coup sur coup des rencontres hétérogènes. Le fait est que dans cette exposition comme dans toutes les expositions précédentes il règne une certaine confusion, une confusion inévitable, quoi qu'on fasse pour y obvier. On ne gouverne pas comme on veut un peuple de 42,000 exposants, l'équivalent d'une grande cité ; on ne classe jamais avec tant de rigueur les produits si variés de l'art et de l'industrie qu'il n'en survienne un bon nombre de réfractaires à toute nomenclature. On est ainsi conduit à des amalgames comme ceux qui existent dans la galerie des machines et dans d'autres galeries. Faut-il s'en affecter outre mesure ? Non, c'est là une pure querelle de formalistes. Loin de s'en choquer, le vrai public prend goût à ces contrastes ; aux observations méthodiques, il préfère la variété des impressions. Pour tout voir et tout saisir, il faut s'y reprendre à plusieurs fois, chercher, découvrir, et la curiosité n'en est que plus vivement excitée.

C'est à ce sentiment de curiosité que l'exposition du Champ de Mars devra une bonne partie de son succès. Il y a là bien des choses dont il est bon de se faire au moins une idée pour peu que l'on s'intéresse aux problèmes que notre siècle a posés sans avoir la conscience de pouvoir les résoudre. Ce n'est pas pour le simple plaisir des yeux que des flots de peuple se succèdent devant ces machines qui brodent, cousent, impriment, ourdissent les fils, garnissent les bobines, découpent le bois, tenaillent le fer, foulent des chapeaux. Ces cours de mécanique amusante n'auraient pas tant d'attrait pour les ouvriers, s'ils n'y attachaient une signification particulière, Pas un d'entre eux qui ne comprenne que dans ce défi jeté à la dextérité humaine c'est de lui ou de l'un de ses frênes qu'il s'agit. Qui sait ; ce que pourra encore entreprendre contre eux cette puissance que l'on nomme l'esprit d'invention, aussi implacable que les instruments qu'elle enfante ? Faut-il la maudire, faut-il la bénir ? Chez beaucoup d'ouvriers, le doute persiste, les vieilles rancunes n'ont pas désarmé. Dans chaque perfectionnement, qui plus tard sera pour eux un aide, ils ne veulent d'abord, voir qu'un rival. Aussi comme leur attention se porte vers les machines qui sont de leur ressort, comme ils en suivent les mouvements et en étudient les organes ! Leur cerveau est en feu jusqu'à ce qu'ils aient deviné pourquoi le terrible engin expédie sa besogne avec tant de précision ; ils l'admirent alors sans cesser d'en être jaloux. D'autres, l'élite, il est vrai, poussent l'ambition plus loin ; ils tirent des croquis en cachette et emploient des heures entières à surprendre un défaut susceptible d'amendement ; c'est souvent en pure perte, mais leur idée fixe a eu l'occasion de se donner carrière. Ils appartiennent à cette race de chercheurs qui savent mieux imaginer qu'exploiter, et à laquelle le peuple a fourni des noms glorieux.

S'il fallait mesurer les mérites d'une exposition sur le nombre de ceux qui y ont pris part, celle-ci aurait incontestablement le pas sur toutes celles qui l'ont précédée. Pour s'en tenir au rapprochement le plus récent, l'exposition de Londres en 1862 n'avait réuni que 27,446 exposants, celle-ci en compte 42,217 ; c'est à peu près 15,000 exposants de plus. Le nombre toutefois n'a de sens qu'autant que la valeur a un étalon certain ; ici cet étalon manque. Qu'on suppose une enceinte dix fois plus vaste, les produits n'eussent en aucun cas fait défaut pour la remplir ; il eût suffi d'ouvrir les portes aux plus insignifiants ; déjà dans la collection actuelle il en est beaucoup pour lesquels le Champ de Mars n'est qu'un magasin de débit. En les admettant, on savait à quoi s'en tenir, et les comités les auraient repoussés, s'ils n'avaient craint les vides, Aujourd'hui même, à simple vue, il serait aisé de faire ce travail de départ et d'en fixer les proportions. Ce serait une justice analogue à celle qui, pour les beaux-arts, donna lieu à un salon des refusés. C'est pour la fabrique de Paris surtout que ces tolérances ont été étendues outre mesure ; aucun foyer de travail n'était plus digne de ce traitement de faveur. Ses industries, même les plus modestes, ont tiré du milieu où elles se meuvent un incomparable parti, et elles ont pour appui et pour chefs naturels les industries considérables dont l'ancienne et la nouvelle banlieue sont parsemées. Beaucoup d'établissements de ce genre figurent dans les cadres de l'exposition, et ce n'est pas la partie la moins intéressante. L'influence qu'exerce le marché de Paris sur les industries de nos provinces est connu ; ce qui l'est moins, c'est le rôle que jouent ses propres industries dans le mouvement général de la production. Si c'est de Paris que partent les ordres, les inspirations, les modèles, c'est à Paris également que les produits viennent aboutir et quelquefois s'achever. Il y a dans la région suburbaine toute une zone manufacturière qui de l'ouest gagne le nord et part de Suresnes pour aboutir à Belleville. Plusieurs de ces hautes cheminées dont l'ombre se projette sur les champs et les vignobles sont les jalons de puissantes usines où, la vapeur aidant, des étoffes venues de nos départements sont teintes, imprimées, apprêtées, reçoivent en un mot les dernières façons. Ailleurs on travaille le fer, on raffine le sucre, on découpe le bois, on prépare avec une perfection sans égale les produits si délicats de la chimie. On ne fait guère dans ces ateliers que ce qui ne se ferait pas en province avec le même degré de raffinement : dans la plupart des cas, on se contente d'amener ce qui est dégrossi à une perfection plus grande. La cherté du salaire interdit la production courante, et ne permet guère que des travaux d'exception ; mais, pour ces travaux, il y a du moins des laboratoires où des ouvriers de choix travaillent sous les yeux des maîtres de la science, et où nos départements peuvent puiser des inspirations. Paris fait plus, il s'identifie à eux tantôt par des exploitations directes, tantôt par des commandites. Rien ne se passe d'essentiel qu'il ne soit consulté, et il est peu de succès à espérer hors de ce qu'il approuve. C'est un arbitre, un juge, quelquefois un maître ; mais en même temps qu'il revendique les honneurs du pouvoir, il n'en répudie pas les charges. Son génie est au service. de qui en a besoin. Il invente, imagine, modifie sans relâche, contient le goût dans ses écarts et met de l'art dans ce qui en paraissait le moins susceptible. Voilà le Paris de l'exposition, et après en avoir esquissé la grande figure, il nous faudra pénétrer plus avant dans les secrets de son activité.

Il y aura aussi à étudier les lots fournis par nos provinces et par les grands états de l'Europe. Le titre particulier de cette exposition et assurément le plus rare, c'est que, dans les industries qui dominent et alimentent les autres, peu de grandes maisons auront manqué au rendez-vous qui leur était assigné. Le catalogue renferme presque tous les noms importants dont la manufacture s'honore. Pour divers motifs, plusieurs d'entre eux s'abstenaient naguère. Ceux qui avaient une réputation acquise et un travail assuré ne se résignaient pas à se laisser discuter, ni à courir la chance d'être classés au-dessous de leur valeur ; d'autres tenaient à cacher leur force et leurs procédés de travail, d'autres enfin n'avaient aucun goût pour ces luttes où des œuvres d'apparat éclipsaient des travaux plus méritants, et qu'accompagnaient des brigues puériles. De là des absences très caractéristiques. Cette fois les plus fiers ont fléchi ; comment résister aux appels que depuis deux ans on a multipliés ? Il en est même qui, en cédant, ont voulu donner à cette entrée un certain éclat, et n'ont pas lésiné sur la dépense. Ainsi, pour les industries capitales comme les mines et minières, le traitement des métaux, le concours est bien réellement ouvert entre l'Angleterre, l'Allemagne, la Belgique et la France, en y ajoutant sur le second plan la Suède, la Russie et l'Italie. Collectives ou individuelles, toutes ces expositions ont un intérêt qui ne s'était pas encore présenté à ce degré. Pour les arts textiles, le concours n'est pas moins brillant ; il comprend toutes les villes du continent et des îles anglaises qui travaillent la soie, la laine, le

I. Aspect général. — Les industries-mères.

coton et le lin. Quel champ d'observations ouvert au public jaloux de s'instruire ! Ce qui importe en ceci, c'est moins l'effort individuel que l'effort collectif et surtout le progrès des industries considéré en lui-même dans une période déterminée.

La moisson n'a donc de prix qu'à la condition d'en bien choisir les gerbes, c'est ce que j'essaierai de faire. Quand on veut être de son temps, il faut s'attacher de préférence à ce qu'il a de bon. Les champs de la pensée sont aujourd'hui ingrats au point de décourager souvent les recherches. Les champs de l'industrie sont plus féconds, et, quand on s'y engage, il n'y a pas de semblables mécomptes à craindre. On s'y trouve en face d'une puissance qui obéit à des lois régulières, et ne recule pas après s'être étourdiment avancée. Elle a un but essentiel, qui est d'arracher sans cesse à la nature de nouveaux secrets et de les faire servir à l'avancement des civilisations. De quel pas ferme elle marche vers ce but, quelles rencontres elle fait, quelles surprises elle nous cause, chacun peut le voir. Ces satisfactions sont d'un ordre secondaire ; mais ce sont du moins des satisfactions, et plus nous allons, plus dans le reste de son domaine le génie humain en devient avare.

II

Pour tout examen, si rapide qu'il soit, un peu de méthode est de rigueur : on se comprend mieux, et l'on se fait mieux comprendre. Ici quelle méthode adopter ? Celle que conseille le livret et qu'on retrouve dans l'ordre des galeries n'est pas exempte de confusion. Elle indique pour sujets l'alimentation, le vêtement et l'habitation, puis les matières premières, comme si la dernière de ces catégories ne faisait pas double emploi avec les trois précédentes. Une marche plus naturelle, c'est de choisir dans les arts ceux qui sont, pour ainsi dire, les véhicules des autres, leur fournissent des éléments ou des instruments, leur impriment le mouvement et la vie. On va de cette façon de la cause à l'effet en constatant ce que des affluents successifs ajoutent à un produit avant qu'il arrive à la forme définitive sous laquelle il est exposé. Dans ces conditions, on domine du moins le sujet, et on échappe en partie à l'obsession des noms propres. C'est ce plan que nous suivrons en insistant moins sur les tours de force individuels que sur les découvertes et les perfectionnements récemment introduits dans la pratique de ces industries-mères. A ce titre, deux grands agents se présentent d'abord, la chimie et la mécanique.

Dans trois galeries du palais et sur une longue file d'étagères, sont rangées des substances devant lesquelles le public passe d'un air indifférent et dont il ne comprend guère la destination. Rien de plus irrégulier et en apparence de moins significatif : ce sont des blocs, des cristaux, des agglomérats de couleurs et de formes diverses, ou bien des sels et des liquides logés dans des récipients appropriés, bonbonnes, flacons, cornues, bocaux, matras, cloches en verre. A les voir hors des laboratoires où ils ont été préparés, on ne dirait pas que ces substances solides ou en dissolution sont des combinaisons d'éléments qui se composent ou se décomposent au moyen de lois précises et à travers des phénomènes constants. Pas une de ces substances dont l'action et la réaction au contact d'autres corps n'aient été fixées par la théorie et ne soient à peu d'exceptions près passées dans la pratique. C'est la science qui agit d'abord sans autre intérêt que de pénétrer quelques lois naturelles encore inconnues. Le Protée a beau changer de forme pour se rendre insaisissable, la science l'étreint dans de si vigoureuses analyses que le moindre atome doit lui dire au juste ce qu'il est. Plus tard, dans une recherche moins désintéressée, l'industrie lui demandera ce qu'il vaut et à quoi il peut servir. Ainsi procède l'esprit de découverte. C'est tantôt le hasard qui les lui livre, tantôt la nécessité qui les lui suggère, et ce dernier cas n'est pas le moins fréquent. On en a un curieux exemple dans un produit qui sert d'aliment indispensable à beaucoup d'arts usuels, la soude. Deux fois menacée dans le cours d'un siècle, il lui a fallu deux fois se reconstituer de toutes pièces ; la science, dans aucune de ces épreuves, n'a été prise au dépourvu.

La première remonte aux guerres du premier empire ; c'était alors l'Espagne qui nous fournissait des soudes provenant de l'incinération des plantes marines dont ses plages sont couvertes, algues, varechs, fucus, goémons. L'opération se faisait en plein air, à feu nu, dans des fosses maintenues à une très haute température, et où les cendres de ces plantes chargées de principes alcalins se formaient en masses compactes par une sorte de vitrification. C'était ce qu'on nommait la soude naturelle ou *barille*, renfermant jusqu'à 40 pour 100 de carbonate de soude, et qui s'employait soit telle quelle, comme dans la savonnerie, soit après épuration, comme dans la cristallerie. Rien de plus élémentaire ; mais le produit était peu coûteux et d'un usage éprouvé : on ne lui aurait certes pas cherché un équivalent, si, par suite d'une rupture survenue avec l'Espagne, il n'eût tout à coup et complètement manqué. Que faire ? comment rendre l'activité à tant de fabriques à court de matières ? L'urgence était flagrante ; non-seulement il fallait inventer vite, mais rencontrer juste, Un homme obscur, Leblanc, eut cette inspiration de génie. Au lieu de demander l'alcali aux plantes saturées d'air salin, ce fut au sel marin qu'il le demanda d'une manière plus directe en le décomposant au moyen de l'acide sulfurique, et en obtenant ainsi un sulfate de soude qu'il convertissait en carbonate au moyen d'une addition de craie et de charbon. De là ce qu'on nomme la soude artificielle, qui a fait son chemin dans les arts, tandis que le nom de Leblanc tombait peu à peu dans l'oubli. Circonstance rare, ce procédé était d'une précision telle que depuis soixante-dix ans il n'a rien été changé ni aux dosages ni à l'amalgame des matières. La soude naturelle fut non-seulement désarçonnée au premier choc, mais mise hors de combat.

A trente ans de là, nouvelle épreuve. On a vu que le sel marin ne se décompose industriellement qu'au moyen de l'acide sulfurique ; or cet acide est le produit de la combustion du soufre dans des chambres de plomb. C'était là un autre vasselage ; après l'Espagne, il fallait compter avec le royaume des Deux-Siciles, où sont situées les grandes solfatares. Cette fois ce ne fut pas la guerre, ce fut la fantaisie d'un roi qui mit les industries européennes en péril. Vers 1836, les solfatares avaient été constituées en régie et de telle sorte que le prix du minerai tripla dans le cours de quelques années. Naturellement les gouvernements intéressés s'en étaient émus ; il y avait eu des plaintes suivies de concessions, mais toute sécurité était désormais détruite ; il fallait aviser et chercher le soufre ailleurs que dans les gîtes où l'on avait à craindre de telles extorsions. Heureusement on était sur la voie ; l'usine de Fahlun en Suède, celles de Chessy et de Saint-Bel près de Lyon, avaient pris les de-vans. Dans ces deux dernières, une exploitation presque immémoriale portait sur le cuivre, et on les citait comme ayant beaucoup contribué au moyen âge à la fortune de Jacques Cœur. Ce cuivre était logé à raison de 3 à 4 pour 100 dans des pyrites, d'où on ne pouvait l'extraire que par une désulfuration préalable, et le plus simple calcul conduisit bientôt à rejeter le cuivre sur le second plan pour s'occuper de préférence de son enveloppe, c'est-à-dire du soufre et de ses dérivés. C'est ainsi que Chessy et Saint-Bel se sont transformés en d'inépuisables réservoirs d'acide sulfurique, et, les pyrites de fer étant devenus sur d'autres points l'objet du même traitement, la substitution s'est étendue de manière à ne laisser au soufre natif qu'une place subordonnée dans la fabrication des acides. Telles ont été les suites d'un renchérissement inconsidéré. Il s'en dégage deux faits : le premier, c'est que les exactions, sous quelque forme qu'on les déguise, ne profitent pas plus aux gouvernements qu'aux individus ; le second, c'est qu'il y a dans les industries un ressort qui les dérobe toujours aux violences dont on les menace. Dans ces crises, comme on le voit, les moyens de préservation sont constamment sortis du laboratoire des savants : il en est de même des idées initiales. Si fugitives qu'elles paraissent, ces idées subsistent en puissance, même quand rien n'indique qu'elles soient susceptibles d'être converties en actes : le temps les couve, pour ainsi dire, jusqu'à éclosion. Un savant éminent, M. Balard, en rappelait récemment des exemples devant l'Institut réuni. Il y a plus d'un siècle qu'un chimiste suédois, Scheele, avait constate la coloration du chlorure d'argent par la lumière, et néanmoins c'est seulement depuis trente ans qu'est issu de là un art nouveau, aujourd'hui d'une sensibilité si exquise qu'il est parvenu à fixer sur des plaques le sillage du navire, le mouvement de la vague, presque le vol de l'oiseau, et qu'il aspire à donner aux phénomènes célestes la permanence nécessaire pour les étudier. Depuis longtemps déjà, Œrstedt avait montré la déviation imprimée à l'aiguille aimantée par un courant électrique, et de son côté Ampère avait fondé là-dessus toute la science de l'électro-magnétisme, lorsque leurs patients et ingénieux disciples ont couvert le globe de ces appareils qui, dans l'air ou sous les eaux, transmettent en un instant, et à toutes les distances la volonté et la pensée de l'homme. Ce ne fut que vingt ans après les premiers travaux de M. Chevreul sur les corps gras que sa découverte prit une forme industrielle dans la bougie stéarique, et il a fallu trente-cinq ans pour qu'on appliquât à l'argenture des miroirs sphériques l'aldéhyde, découverte par M. Liebig et signalée comme propre à réduire les sels d'argent. Enfin près d'un demi-siècle s'est écoulé depuis que Faraday, dans une suite d'expériences, a liquéfié. plusieurs gaz et notamment l'ammoniaque, et c'est d'hier seulement que la machine Carré produit au moyen de l'ammoniaque liquéfiée de la glace sous toutes les température et du froid au degré que l'on veut. Ainsi l'idée seule sort armée du cerveau de l'inventeur ; celui-ci s'en détache dès qu'il l'a trouvée, et elle circule alors jusqu'à ce que quelqu'un s'en empare pour en tirer parti. Tout n'est pas profit dans cette seconde recherche, et pour un succès qui s'ébruite, il y a cent revers qui restent ignorés.

Les plus récents et les plus heureux de ces essais ont porté sur quelques métaux nouveaux, sur les arômes et les couleurs. L'exposition est pour ces dernières comme une palette ; il y en a de toutes les nuances, de tous les pays et de tous les noms. Parmi les métaux, c'est l'aluminium qui a les honneurs du rang. Que de temps ne lui a-t-il pas fallu pour s'introduire dans l'industriel Aujourd'hui il semble y être solidement fixé : le prix s'abaisse, la consommation s'accroît soit

I. Aspect général. — Les industries-mères.

à l'état de pureté, soit à l'état d'alliage ; on le reconnaît pour ce qu'il est, un métal ductile, malléable, léger comme le verre, tenace comme le fer, presque aussi blanc que l'argent quand il est pur, et qui, moins altérable, peut se conserver à l'air sans y perdre son éclat. Voilà qui est encourageant et prépare un bon accueil aux métaux que l'analyse spectrale nous a récemment livrés, le rubidium, le cæsium, le thallium. Cette analyse en effet, en décomposant l'enveloppe gazeuse du soleil, a par contre-coup dénoncé l'existence de corps nouveaux que depuis la création l'homme foulait aux pieds sans les connaître. A quoi seront-ils bons ? Nul ne le sait ; mais ils ont dans tous les cas leur numéro d'ordre et semblent avoir pénétré dans les expertises de l'atelier : quelques échantillons de thallium figurent sur les étalages du Champ de Mars ; l'aluminium n'a pas commencé autrement ; des métaux dont l'analyse du soleil nous a révélé l'existence ne sauraient avoir une moindre fortune.

Que la nature fabrique des parfums et des couleurs, c'est dans l'ordre, et elle le fait trop bien pour avoir à redouter des contrefaçons. La science s'y est pourtant essayée ; c'était de la témérité. Tandis que tous les corps simples entrent dans les composés minéraux, la chimie organique, qui est l'imitation des produits doués de vie, n'en peut mettre que quatre à profit. Il est vrai qu'en les associant dans des proportions diverses on pousse presque à l'infini la variété des composés, et que l'on concilie ainsi la grandeur dans les résultats avec l'économie dans les causes. C'est comme une gamme à parcourir ; mais comme dans toutes les gammes on arrive au point où le registre s'arrête. Les corps simples, le chimiste en dispose à son gré, il les combine, en forme des corps composés, passe des groupements élémentaires à des groupements plus complexes ; c'est la partie de la science qu'il possède. Celle qui lui échappe et lui échappera toujours, c'est l'arrangement moléculaire de ces corps simples, l'un des mystères de la création. Le chimiste connaît la nature et même le nombre des atomes simples qui entrent dans un composé, il ignore comment ils y sont groupés. Que fait-il alors ? Il supplée à une loi précise par des moyens artificiels, et d'observation en observation parvient à obtenir beaucoup de produits utiles. C'est ainsi que, pour les arômes, on en est arrivé à donner le change aux odorats les plus exercés. On fabrique, jusque de l'essence de fruit, la saveur de la pomme, de l'ananas, de la poire, est imitée au point de tromper le goût. Aucune huile de toilette qu'on ne puisse accommoder ainsi et à toutes les odeurs, vanille, canelle, amande amère ; la moutarde même a son équivalent, et si l'ail venait à manquer, il serait aisément remplacé par une transformation de la glycérine. Et qu'on ne regarde pas cette reproduction du parfum des fruits comme un fait scientifique sans application. Ces essences artificielles sont en Angleterre et en Allemagne l'objet d'une fabrication industrielle, et beaucoup d'articles de confiserie n'ont que cette saveur d'emprunt.

Pour les couleurs, le degré d'importance s'élève de beaucoup ; il s'y est fait depuis sept ans une révolution qui mérite d'être racontée. On sait de quel intérêt est pour l'industrie la recherche des substances colorantes : toute acquisition nouvelle est accueillie comme un événement ; il en fut ainsi, dans sa nouveauté, pour le vert de Chine, introduit à Lyon par M. Natalis Rondot. Qu'on juge de l'effet que peu de temps après a dû produire l'apparition imprévue, non pas d'une couleur, mais de trois, quatre, cinq couleurs d'un éclat incomparable. Les fleurs n'en revêtent point de plus belles, et pourtant ces couleurs provenaient d'une matière qui ne semblait guère susceptible de les fournir, la houille. Qui donc avait pu songer à les dégager de cette enveloppe impure ? Un peu tout le monde dans une suite de ricochets de laboratoire. Au début, c'est encore Faraday que l'on rencontre. En 1823, il découvre un carbure d'hydrogène dans les produits condensés du gaz de l'huile. A quoi cela pouvait-il servir ? Il eût été fort empêché de le dire. Mitscherlich, en l'obtenant par un procédé plus direct, lui donne un nouveau nom, la benzine, qu'à quelque temps de là on retrouve dans le goudron de houille, d'où on l'extrait à bas prix. Cette benzine devient alors un agent détersif, et, mêlée au nitre, sert à parfumer les savons inférieurs. Voici déjà un produit livré au commercé ; Zinn, par une réaction remarquable, le transforme en aniline y espèce d'ammoniaque composée, substance encore sans utilité. Perkins bientôt lui en trouvera une ; il entreprit sur l'aniline en 1856, dans le cabinet de M. Hoffmann, à Londres, une suite d'expériences. Ce n'était pas un corps colorant qu'il cherchait, c'était un substitut artificiel de la quinine. Déçu dans cette recherche, il imagina d'appliquer à l'aniline les agents oxydants qu'il employait et découvrit la matière colorante violette, la première que la houille ait fournie : le procédé était dès lors acquis, l'industrie des couleurs d'aniline fondée. Il en fut de même, à quelque temps de là, de la fuschine dans les mains de M. Hoffmann. Un jour que ce chimiste essayait l'action du bichlorure de carbone sur l'aniline, il obtint une matière rouge du plus bel effet. Cette matière, c'était la fuschine, dont l'emploi est devenu si général dans la teinture des fils et des tissus.

Ces couleurs tirées de la houille semblent se mesurer de l'œil à l'ex-

I. Aspect général. — Les industries-mères.

position, comme elles l'ont fait longtemps devant les tribunaux pour des atteintes portées aux brevets. Chaque pays a son lot, la Prusse comme l'Angleterre, l'Amérique comme la Russie. La mode s'en est mêlée ; on ne veut plus que de ces teintures, et on n'évalue pas à moins de 30 millions la somme annuelle que ce trafic représente. Il y a là des violets artificiels, des rouges de divers tons et des bleus provenant de quelques amalgames. Qu'on y ajoute le jaune foncé, plus récemment obtenu, le jaune serin de l'acide picrique, et l'on aura les éléments de cette nouvelle et brillante collection d'agents colorants. Méritent-ils toute la vogue dont ils jouissent, et n'y a-t-il pas quelques réserves à faire ? Il y en a et de très fondées, non pas sur les tons et les nuances, qui sont leur beau côté. La fuschine surtout renferme cette proportion de rouge et de violet qui distingue la rose, et aucun mélange de noir n'en vient ternir l'éclat ; mais, séduisantes à l'œil, ces couleurs manquent de fonds, elles ressortent mieux aux flambeaux qu'au jour, et l'effet dépend beaucoup de la manière dont elles sont éclairées, puis elles pèchent par la solidité, s'altèrent promptement et ne peuvent guère s'appliquer qu'aux étoffes dont la durée ne dépasse pas une saison. La mode qui les a apportées les emportera peut-être un jour, à moins qu'on ne parvienne à leur donner plus de fixité, ce qui se fait déjà. Cependant elles ne supplanteront jamais deux substances qui fournissent un rouge à peu près indestructible, la cochenille pour les tons fins, la garance pour les tons ordinaires. Voilà les vrais colorants pour les étoffes destinées à un long service, l'ameublement par exemple ou le vêtement ; dans les bons ateliers, la tradition en est maintenue. Les couleurs éphémères tirées, de la houille sont d'ailleurs dans les goûts du temps ; notre génération ne tient aux choses qu'en raison des apparences, et les délaisse aussi vite, qu'elle s'en est engouée. Il faut se borner, et pourtant il y aurait encore dans cette même galerie beaucoup à observer en produits nouveaux, l'acide phénique par exemple, un désinfectant énergique qu'on a employé avec plus ou moins de bonheur comme préservatif du choléra ; le tungstate de soude, qui, comme le phosphate d'ammoniaque, rend les tissus incombustibles ; la baryte, dont les préparations se multiplient, et qui vise à suppléer dans la peinture le blanc de céruse et le blanc de zinc ; les sulfures de carbone, qui sont la base de la plupart des poudres inventées pour la destruction des insectes, et dont l'emploi peut, à l'aide d'appareils ingénieux, s'étendre aux charançons, qui dévastent les grains ; enfin des compositions de pâtes appliquées aux arts céramiques et qui contribuent à leur donner ce degré de perfection qui est pour le public l'objet d'un

Louis Reybaud

perpétuel étonnement. Notons comme dernier travail à signaler la reproduction rigoureusement exacte des pierres précieuses, dont plusieurs de nos savants s'occupent, et qui a l'air d'un défi jeté à la nature dans ce qu'elle a de plus rare et de plus raffiné.

Nous voici au fer et à l'acier ; ce n'est pas sortir des affinités chimiques. Aucun intérêt d'industrie n'est plus vif que celui-là ; il touche à un égal degré tous les pays de forges. La Belgique y songe comme l'Angleterre, l'Allemagne comme la France. On peut en juger par leurs expositions, qui sont vraiment imposantes. La collection est complète non-seulement pour les produits, mais pour les instruments qui les façonnent ; dans les grandes galeries et dans le parc, on en peut voir quelques-uns à l'œuvre. Voici par exemple la série des outils qui composent l'atelier mécanique ; pas un de ces outils qui ne soit un instrument de précision. Celui-ci tournera la roue d'une locomotive, celui-là polira la surface intérieure d'un cylindre, un autre donnera le fini à une bielle ou à une manivelle. Tout détail a son appareil, et une pièce, avant d'être achevée, aura passé par cinq ou six de ces appareils. Il y en a pour forer, fileter, mortaiser, raboter ; l'œil ne se lasse pas de suivre l'outil à l'œuvre, mordant le fer comme si c'était du bois. L'ouvrier n'a là qu'une tâche, — régler l'outil quand il marche, l'aiguiser quand il s'émousse. La machine fait le reste et avec un degré de perfection qu'une main habile n'eût pas surpassé. A la forge, des opérations analogues se reproduisent pour les grosses œuvres, et quel dommage qu'on n'en puisse pas donner le spectacle à cette foule avide d'émotions ! C'est là qu'il faut voir le métal, qui au sortir du four à puddler n'est qu'un bloc grossier, se corroyer sous le marteau-pilon et prendre dans les engrenages du laminoir toutes les formes qu'il doit revêtir pour la destination commerciale qui lui est réservée, barres, rails, verges, feuilles, fils de tout calibre, puis se diriger docilement vers les instruments qui le découpent. Ici les rails s'engagent sous les dents d'une scie circulaire qui, dans ses rapides évolutions, distribue des gerbes de feu, et tranche en se jouant les pièces qu'on lui présente. Là les feuilles et les plaques de tôle seront coupées d'équerre à la cisaille, et c'est merveille de voir comme le fer se laisse pénétrer par les dures mâchoires de l'outil. Ailleurs, introduit dans des rouleaux dont les rainures vont se rétrécissant, le fer s'allongera et serpentera sur les dalles jusqu'à ce que de jeunes garçons le saisissent avec des pinces pour le soumettre à un étirage nouveau. Tout cela se fait avec une aisance, une sûreté d'effets, une agilité de mouvements, qui étonnent et intéressent. Et dans le haut-fourneau où la fonte se prépare, que de mouvement et de vie ! C'est littéralement un corps de pierre qui semble, dans ses fonctions intelligentes, reproduire une partie des fonctions des organes humains, s'assimile comme eux les aliments qu'on lui fournit, respire, agit avec une régularité constante, et sépare avec une précision dynamique ce qui est réfractaire de ce qui peut être utilement employé.

A voir une industrie si fortement armée et douée de tant de puissance, qui ne s'imaginerait qu'elle a trouvé son assiette définitive et n'a plus d'aventures à courir ? Pourtant, sans être sérieusement menacée, elle traverse une période de mue, et cela à peu près partout, sous l'influence de causes ici particulières, là générales. De ces causes générales, la plus active a été l'essor brusque et peut-être excessif qu'ont donné au travail du fer des débouchés accidentels qui devaient se fermer ou du moins se réduire à des échéances déterminées, comme l'établissement des chemins de fer en bloc et de toutes pièces, la création d'un matériel naval dont le fer est le principal élément soit pour les coques, soit pour les cuirasses, enfin la construction de ces grands appareils que la vapeur a multipliés pour tous les genres de services, machines de mer, locomotives, ponts et ponceaux, viaducs, sans compter les accessoires. Pour suffire à tant de commandes venant coup sur coup, que de hauts-fourneaux n'a-t-il pas fallu bâtir, souvent dans de médiocres consultions d'exercice ! Les uns, situés loin des gîtes minéraux, ne pouvaient marcher qu'au bois, d'autres mélangeaient le bois avec la houille ; aux mieux installés la houille suffisait comme combustible. A ces inégalités dans les frais d'alimentation s'ajoutait l'inégalité des proportions ; il y avait de grands, de moyens et de petits établissements. Tant que la marge des profits fut assez ample, tout ce monde vécut à l'aise, avec cette seule différence que la curée se distribuait en raison des forces et aussi des appétits de chacun : il y avait de grands, de moyens et de petits inventaires, tous avantageux. Les choses en étaient là quand peu à peu le marché s'est restreint et les prix ont décru ; le terme des commandes sur une grande échelle était expiré, et le régime du débouché d'exception faisait place au régime du débouché ordinaire. C'est si bien là le motif du temps d'arrêt qui s'est produit qu'indistinctement toutes les nations qui forgent le fer en grand en ont éprouvé l'effet. Pour la France, il s'y est joint la circonstance particulière d'une certaine latitude accordée à l'importation étrangère, qui visiblement n'en a point abusé. Telles sont l'origine et les causes de cette sorte de mue qui affecte l'industrie du fer et tend à en modifier l'économie. Le signe le plus visible de ce changement d'état, c'est un penchant vers les grandes concentrations. Devant des conditions d'existence plus contestées, les petits ateliers désarment, tandis que les établissements principaux, cherchent à mieux constituer leurs forces : les forges restées debout se partagent les dépouilles de celles qui tombent, ou bien elles se constituent en syndicat pour présenter un front plus vaste dans une défense commune. Le mot d'ordre semble être d'augmenter la production pour alléger le poids des frais généraux, ce qui serait juste avec un, marché dégarni, mais ce qui aggrave les conditions d'un marché encombré.

Cette crise a rendu possible, dans le traitement du fer, la révolution dont il nous reste à parler, et qui est devenue la grande affaire du jour. Divers incidents l'avaient préparée ; de plusieurs côtés ; et pour des besoins urgents, on demandait à l'industrie un fer mixte qui eût une partie des qualités de l'acier en restant dans des prix plus modérés. Pour beaucoup d'emplois, les conditions de résistance du fer marchand n'étaient plus suffisantes. Tel était le cas des rails, dont le métal, sujet aux exfoliations, se désagrégeait plus qu'il ne s'usait et obligeait les compagnies à des renouvellements trop fréquents dans la garniture des voies : aussi déclarait-on qu'il y aurait profit, dût-on le payer plus cher, à employer un métal mieux lié, plus homogène et susceptible de plus de durée. De la part de la marine militaire, même besoin et même demande, et cela pour deux fins ou deux intérêts, l'attaque et la défense, L'attaque rêvait des canons monstrueux capables de résister aux plus fortes charges, ou tout au moins des canons fortifiés par des frettes puissantes qui les missent à l'abri de tout accident, puis encore des boulets dont les pointes coniques pussent pénétrer les plaques massives qui servent de ceinture aux flancs des vaisseaux. La défense bornait ses prétentions à devenir complète et efficace, quelque métal, quelque procédé qu'on y employât. Ce concert de réclamations aboutissait à ceci, que ni le fer, ni l'acier ordinaires ne répondaient désormais à de certains usages, et qu'entre les deux il y avait place pour une combinaison qui participât de l'un et de l'autre. L'appel n'a pas été vain, et depuis lors en Angleterre et en Allemagne ont commencé les recherches du traitement direct de l'acier. L'enjeu était beau ; il s'agissait d'ouvrir pour un nouveau métal une campagne à peu près aussi fructueuse que celle dont le fer atteignait le terme, et où se montraient en perspective des bénéfices équivalents. L'exposition témoigne que de vigoureux efforts ont été faits, et que sur divers points, notamment à Imphy, à Assailly et à Terre-Noire, de bons résultats ont été obtenus ; au Creusot, on en est aux études.

I. Aspect général. — Les industries-mères.

Ce n'était pas une médiocre difficulté que de faire sortir directement de la fonte, quelle qu'elle fût, et par grosses charges un acier qu'on n'obtenait autrefois que par petites chargés et au moyen de fontes ou de fers d'exception. Il n'y avait et il n'y a encore, il faut le dire, dans toutes ces opérations que des manipulations empiriques : autant de fabriques, autant de genres de cémentation. Sur la composition chimique, l'obscurité est toujours très profonde nonobstant les recherches persévérantes de M. Frémy : comment concevoir que quelques centièmes de carbone dans la fonte et quelques millièmes dans le fer puissent donner des métaux tout à fait différents ? Aussi cherchait-on un peu partout les raisons du phénomène qui frappait d'inégalité des aciers en apparence identiques, dans la vertu des eaux par exemple ou celle des bains mélangés qui y suppléent. La variété même des procédés employés indiquait le trouble qui régnait dans les traditions et les usages. Tantôt, comme en Suède, on tirait l'acier de fontes au bois traitées au bas foyer : c'était l'acier naturel, le meilleur de tous ; tantôt, comme en Angleterre, on cémentait de bons fers en leur restituant à l'état solide la proportion de carbone nécessaire pour en composer des aciers ; enfin on avait imaginé de fondre soit l'acier de cémentation, soit l'acier naturel dans des creusets réfractaires portés à une haute température à l'abri de l'action de l'air : c'est ce qu'on nommait l'acier fondu, plus homogène que les précédents, mais moins facile à souder. Tout récemment un pas de plus a été fait en dehors de ces trois méthodes. Dans des fours qui servent habituellement au traitement du fer et en employant la houille pour combustible, on a traité des fontes ordinaires en évitant une décarburation complète : c'est ce qu'on a nommé l'acier puddlé. Voici déjà une abondante collection de manières d'opérer ; il ne reste plus, pour que la liste soit complète, qu'à y ajouter celle qui a pris le nom de son auteur, un Anglais, M. Bessemer.

Le procédé Bessemer est simple en principe et non moins simple dans l'application. L'inventeur au début avait annoncé que l'acier y serait obtenu sans dépense de combustible ; c'était jouer sur les mots. La dépense est indirecte ; au lieu de brûler du charbon, on brûle du fer. Le procédé consiste en effet à faire traverser un bain de fonte par un courant d'air à forte pression qui y détermine un bouillonnement violent, et y pousse la température jusqu'au point de fusion du fer. Aucun spectacle n'agit plus vivement sur l'œil ; c'est comme la gerbe d'un feu d'artifice. Qu'on se figure une cornue chargée d'un liquide, en ébullition et animée par une soufflerie énergique ; le travail intérieur se trahit au dehors par des phénomènes qui en attestent l'intensité : des langues de flammes couronnent le goulot ouvert de l'appareil, et des escarbilles lumineuses s'en détachent par milliers. C'est le travail d'élimination qui s'opère, le premier acte de l'opération. Il s'agit de délivrer la fonte des impuretés et des corps réfractaires qu'elle peut renfermer. Malheureusement ce sont, moins les éléments nuisibles que les éléments utiles qui s'en vont, le carbone entre autres, dont il faut, sous peine d'échec, réparer immédiatement les pertes, C'est le second acte du traitement ; on va réintégrer dans l'appareil en dose déterminée ce carbone qui s'en est évaporé en excès et un peu à l'aventure. Pour cela, on a préparé dans un four à réverbère une addition de fontes d'excellente qualité, ordinairement des fontes spéculaires au bois, qu'on verse dans le bain en traitement pour en relever l'amalgame. Après cette restitution, on imprime à la cornue un balancement, et par un jeu de bascule on l'incline vers les moules préparés pour en recevoir le contenu : c'est le dernier acte ; l'acier Bessemer est fait.

Évidemment c'est là une découverte restée à mi-chemin et dont les phénomènes devront être étudiés d'une manière plus rigoureuse. Tant qu'on ne pourra reconnaître à un signe certain le moment où le bain métallique est saturé de carbone au degré voulu pour produire de l'acier, on n'aura dans les mains qu'un instrument d'empirisme. Cet appareil, qui dévore inconsidérément ce qu'ensuite on est obligé de lui rendre, présente à l'esprit quelque chose de barbare, et, ce qui est un défaut grave, il ne conserve sa haute température qu'aux dépens du fer dont il est rempli et qu'il convertit en combustible. De là d'énormes déchets qui varient de 15 à 50 pour 100 et qui portent sur une matière valant 130 francs la tonne, tandis que le charbon n'en eût coûté que 15 ou 20. Le procédé avait fait en outre une promesse qu'il n'a pas tenue, c'est d'être applicable à toutes les espèces de fonte. Devant celles qui contiennent du soufre et surtout du phosphore, l'impuissance de l'appareil a été démontrée, même en poussant les choses jusqu'à une décarburation complète. Il en devait être ainsi dans l'ordre des réactions chimiques ; les machines soufflantes, ne pouvaient suffire à éliminer ces corps étrangers. L'affinité de l'oxygène de l'air étant à peu près égale pour le fer et le phosphore, le départ par voie d'oxydation s'en opère dans les proportions relatives du composé ; on ne gagnerait donc rien à prolonger l'opération, si ce n'est d'augmenter considérablement les déchets. D'ailleurs la faible quantité de carbone contenue dans la fonte est promptement brûlée, et on arrive alors à la réduction en fer, lequel est difficilement maintenu à l'état liquide. Il y a donc là des objections très sérieuses, des additions à faire, des vides à combler. Des savants autorisés s'en occupent, et dans le nombre un exposant, M. Bérard, qui a fait de Montataire son laboratoire d'essai. Il semble combiner l'emploi des gaz avec celui de l'air, en réglant leurs effets réciproques par des rapports de quantité. Le principe sur lequel il s'appuie consisté à agir sur la fonte à l'état liquide alternativement par oxydation ou par voie de réduction, de manière à éviter les déchets ; puis par des dispositions heureuses il maintient un équilibre convenable de température dans toutes les parties de l'appareil et à tous les degrés de l'opération.

Tel quel, et malgré les imperfections que nous venons de signaler, le procédé Bessemer n'en est pas moins appelé à laisser une date dans le travail du fer. Il est désormais acquis et bien acquis qu'on peut directement et sur une grande échelle, convertir la fonte en un métal très voisin de l'acier fondu, tandis qu'il fallait naguère, pour des produits analogues, opérer dans des creusets de la contenance de 25 à 30 kilogrammes, comme on en voit dans des cabinets de savants. La grande industrie a été substituée ainsi à des ateliers d'échantillons. Quand on aura mieux déblayé la voie, ouvert accès à la généralité des fontes, donné au traitement des formés plus rigoureuses, imprimé quelque régularité à la fabrication, surtout mis un terme à des déchets ruineux, de belles perspectives s'ouvriront devant cette régénération de l'industrie du fer. On a vu quels débouchés lui sont acquis déjà et à quels besoins de premier ordre elle satisfait ; ce n'est là qu'un germe, et on peut en juger par l'accueil que font aujourd'hui les compagnies de chemins de fer à des propositions qu'autrefois elles n'auraient traitées qu'avec dédain. Au début, il n'était question que de tronçons exposés à une grande fatigue ; on par le maintenant de portions de voies, plus tard il s'agira de voies entières. Ici comme ailleurs, on comprendra qu'une dépense bien faite est parfois une économie. L'acier est, à tout prendre, le métal par excellence pour des œuvres où l'on vise à la durée. Il se fond et se marie à d'autres matières comme la fonte ; il se soude, se martèle, se lamine et s'étire comme le fer ; par la trempe, il acquiert une dureté qui n'exclut pas l'élasticité ; mieux qu'aucun métal, il résiste à l'écrasement ; il n'a contre lui que la cherté, et c'est un défaut dont il se corrige chaque jour.

III

Parmi les produits de la grande industrie, il en est peu qui soient plus largement représentés à l'exposition que la machine à vapeur.

Louis Reybaud

On en trouve de toutes les dimensions et de toutes les formes, depuis l'humble locomobile jusque l'imposante locomotive américaine. Dans les petites machines, l'esprit d'invention sembla avoir éprouvé un temps d'arrêt ; mais les perfectionnements vont à l'infinie Rien de plus coquet, rien de plus ingénieux, de mieux ajusté que ces petits engins à vapeur qui sont distribués un peu au hasard dans le parc et les galeries. Les locomobiles pullulent, et on s'aperçoit aux dispositions qu'elles présentent qu'elles sont désormais au service de l'industrie tout autant qu'à celui de l'agriculture ; introduites dans les fabriques à titre d'auxiliaires, elles y ont gagné leurs chevrons et y restent à titre définitif. Quoi de plus commode en effet qu'une force qui se transporte et qui n'astreint celui qui en use à aucune des dépenses inhérentes à l'établissement des machines fixes, chaudières, murs de séparation, cheminées hautes comme des obélisques ? Pour les grandes machines à vapeur, il n'y a guère à signaler qu'une exécution de plus en plus soignée et un accroissement de dimensions et de puissance. Parmi les types de premier rang, on peut citer la machine marine installée sur les berges de la Seines, et qui semblerait de taille a en épuiser les eaux, si elle y procédait sans ménagement, comme aussi cette locomotive à huit roues accouplées, qui peut emporter en un seul voyage vers les lacs de l'Amérique, du Nord l'équivalent de la population d'une ville moyenne. Prodigieuse industrie que celle des chemins de fer ! née d'hier, elle s'est emparée du gouvernement de toutes les autres, et dans beaucoup de cas elle en règle la fortune. On peut dire de cette industrie quelle dispose du temps et de l'espace ; elle est du moins plus prosaïquement le principal agent de locomotion qui existe. En 1865 par exemple, la dernière année qui fournisse des chiffres complets, nos chemins de fer ont transporté 84,025,516 voyageurs avec une moyenne de 40 kilomètres de parcours, et 34,010,436 tonnes de marchandises avec une moyenne de 152 kilomètres de parcours, c'est-à-dire pour un transport ramené à un parcours de 1 kilomètre 3,330,630,807 voyageurs et 5,172,847,825 tonnes. D'un autre côté, les recettes brutes se sont élevées pour les voyageurs à 184,215,213 fr., pour les marchandises à 314,009,184, et pour les articles de messageries à 80,032,474, en tout 578,856,871 fr., d'où un prix moyen pour le transport d'un voyageur à 1 kilomètre de 0fr,0553, et d'une tonne de marchandise de 0fr,0608. Les dépenses d'exploitation s'étant élevées à 266,202,095 francs, le revenu net se trouve être de 312,654,770 francs, et le rapport de la recette à la dépense (moyenne générale) de 45,98 pour 100. Pour ces transports et ce trafic, il a fallu un matériel de 4,064

I. Aspect général. — Les industries-mères.

locomotives, 9,695 voitures, 96,640 fourgons ou wagons et un personnel de 111,460 employés commissionnés ou en régie, ce qui élève au chiffre d'une armée le corps dont les compagnies disposent, Enfin le coût de l'établissement du réseau exploité, comprenant 13,570 kilomètres, s'élève à 6 milliards 824 millions, dont 5 milliards 840 millions ont été payés par les compagnies et 984 millions par l'état. Sur ces chiffres, la part du matériel roulant et de la voie est de 1,346,125,610. Le prix moyen du kilomètre ressort donc à 500,000 fr. ; il semble devoir être moindre et s'abaissera 255,000cfr. pour les 7,430 kilomètres qui restent à construire sur l'ensemble du réseau concédé. La dépense des compagnies sur ce dernier lot, si on n'y ajoute rien, sera de 1 milliard 900 millions. Cette statistique, dans son aridité, a une éloquence difficile à égaler. Il y a trente ans environ que ce nouveau pouvoir est sorti du néant et l'on voit de quel pas il marche ; 600 millions de recettes toujours grandissantes, 300 millions de traitements et de salaires directs ou indirects à distribuer, plus de 100,000 hommes enrégimentés, c'est à faire envie à plus d'un état. Qu'on y joigne des finances du maniement le plus commode, des contribuables payant sans contrainte et à bureau ouvert, un équilibre qui s'établit de lui-même et sans artifices de calcul, et l'on comprendra que, sous le couvert d'un service public, il y a là une institution avec laquelle, dans tous les accidents de la vie sociale, il faudra nécessairement compter.

Outre les machines qu'anime la vapeur, les galeries et le parc en contiennent qui obéissent à d'autres forces motrices, le gaz, l'air chaud et comprimé, l'ammoniaque, l'éther. Ces machines ne sont pas toutes d'une conception heureuse, ni d'un emploi aisé. il y en a également dont le service, excellent en tout points n'a que l'inconvénient, grave en industrie, de coûter trop cher. C'est le cas de la machine Lenoir, où le cheval de force coûte 78 centimes par heure, sans déperdition, il est vrai, et pour un travail effectif. Malgré cet obstacle, elle commence à se répandre dans les ateliers ; et il est à désirer qu'elle gagne encore du terrain en devenant moins dispendieuse. Les faubourgs de Paris sont pleins d'appareils que les bras de l'homme, quelquefois de la femme, mettent seuls en mouvement, Au point où en sont les arts mécaniques, c'est un restant de barbarie dont il faut résolument s'affranchir. L'excès de dépense n'est au fond que l'indice d'une combinaison à trouver. Si le gaz ne s'y prête pas, on peut la chercher ailleurs, dans l'électricité, dans l'éther, dans l'air comprimé, qui a réussi pour la transmission des dépêches télégraphiques entre la Bourse et le Grand-Hôtel. La vapeur vaudrait mieux sans doute et d'autant mieux qu'on l'emploierait plus en grand : le coût de l'unité de force est en raison des dimensions de l'appareil, et varie de 67 centimes à 6 centimes par force de cheval et par heure ; mais comment en rendre l'application possible à ces ateliers disséminés de maison en maison, et même d'étage en étage ? Il existe, il est vrai, dans quelques centres d'industrie, des appareils communs à plusieurs établissements et dans lesquels on vend ou loue la force comme on loue ou vend un produit. C'est l'affaire de quelques courroies de transmission pour régler le débit dans un rayon déterminé. Des imitations sur une large échelle sont-elles possibles ? — Un grand manufacturier de Mulhouse, M. Jean Dollfus, en est convaincu et en fait l'objet d'une expérience. Il se propose de distribuer la vapeur à un certain nombre de maisons d'ouvriers pour rendre à la main-d'œuvre domestique une partie des chances qu'elle avait perdues. Dût-on échouer, l'entreprise est digne d'applaudissement. Pour nos faubourgs, est-il permis d'y songer ? Évidemment non. Voit-on d'ici de grandes courroies traversant les rues par des voies aériennes, et s'introduisant comme des polypes dans les logements pour y exercer leur puissance brutale ! Deux accidents survenus coup sur coup au Champ de Mars prouvent quels dangers présente la cohabitation avec de pareils hôtes ; y échappât-on, le ménage n'en serait pas moins perpétuellement sur ses gardes. Ce danger ne serait pas moindre dans une canalisation souterraine de la vapeur ; toujours il y aurait un moment où la force se mettrait à découvert, et un risque de plus, celui des explosions, s'ajouterait à celui des accidents dus à l'imprudence. Le siège naturel de la vapeur est donc l'atelier commun de tous les degrés ; pour des travaux à domicile, il faut une force plus facile à discipliner.

Que dire du matériel destiné aux arts textiles ? A traiter le sujet suivant son importance, il y aurait des chapitres à écrire. Un professeur du Conservatoire, M. Alcan, qui l'a bien étudié, évalue à près, de 1 milliard 200 millions la somme que représentent, pour la France seulement, les matières employées par les industries du coton, de la laine, du lin et de la soie. Qu'on y joigne la main-d'œuvre, dont la proportion flotte entre le tiers et la moitié du coût des matières, les bénéfices successifs du fabricant et des intermédiaires, on aura une valeur qu'on peut, par approximation, porter à seize cents millions. Où en est la mécanique appliquée à ces arts ? Très avancée sur certains points, en retard sur d'autres. Au fond, il y a peu d'inventions, et les plus récentes sont d'un intérêt restreint ; mais les appareils qui datent de la seconde moitié du siècle, perfectionnés à l'envi, ont pénétré si avant dans l'usage, qu'au lieu de compter comme autrefois les établissements qui en étaient munis, on en est venu en France à compter ceux qui en sont dépourvus : ces derniers sont rares, et sous peine de ruine ils seront obligés de franchir ce dernier pas. C'est au traité de commerce que l'on doit cette révolution dans un outillage longtemps stationnaire, et les circonstances ont voulu que l'industrie ait pu tirer de ses profits mêmes l'argent nécessaire pour le renouvellement de son matériel. Ainsi, dans la filature, une large place a été faite au métier renvideur, admirable instrument qui, après avoir fourni sa course et rempli sa tâche de torsion et d'étirage, revient de lui-même et à l'aide du mécanisme le plus ingénieux à son point d'alimentation, sans l'effort musculaire du bras et du genou, comme cela avait lieu autrefois. Son nom le dit assez, le métier se renvide de lui-même. Il y a cinq ans encore, ce métier ne traitait que le coton, et dans les numéros inférieurs ; il traite aujourd'hui tous les numéros. La laine résistait à l'adoption de l'ingénieux appareil et ne s'y est prêtée qu'à la longue, par capitulations successives. Les fils de chaîne ont d'abord cédé, et après eux les meilleurs fils de trame : toute la filature peignée use aujourd'hui du renvideur. Dans le peignage, c'est l'ordre inverse ; la laine ouvre la marche, le coton suit ; pour la laine, tout ce qui ne va pus à la carde va au peigne ; pour les cotons, le peigne ne touche que les qualités destinées aux numéros fins. Pour cette série d'opérations, les instruments mécaniques sont arrivés à un tel degré de perfection qu'ils règnent désormais sans partage ; il n'y a plus ni peignage, ni filature à la main.

Dans le tissage, les traditions ont encore un domaine réservé ; en tout comptant, il doit bien rester 400,000 métiers à bras distribués dans nos provinces, principalement dans les campagnes. L'existence de ces métiers est comme un prodige chaque jour renouvelé. Pour les travaux délicats, passe encore, la main y garde ses avantages ; mais un travail commun revient de droit à l'exécution automatique. Quelle illusion garder devant le calcul que voici ? Un métier mécanique produit en moyenne 1 kilogramme et 100 grammes de tissu par jour, et comme une femme peut en conduire deux, sa tâche équivaut à 2 kilogrammes et 200 grammes. Que produit l'ouvrier à bras dans le même temps ? 500 grammes tout au plus, moins du quart en quantité. Quant à la qualité, l'avantage serait plutôt pour l'agent mécanique, dont l'action est plus régulière, plus uniforme. Et non-seulement le produit mécanique est supérieur et à bon marché, mais on l'obtient à jour fixé et en raison des besoins, condition incompatible avec le travail à bras, dont l'une des plaies est l'incertitude dans les livraisons. Enfin, avec le métier à vapeur, la matière reste sous les yeux du maître ; aucun brin ne s'en détourne, et ainsi s'éteignent ces querelles sur le rendement, inséparables d'une confection lointaine et qui entretiennent de sourdes animosités dans l'esprit de l'ouvrier. Voilà bien des motifs pour que les campagnes désarment, et elles persistent néanmoins avec une énergie désespérée : c'est comme un flot qui monte ; ces héroïques ouvriers l'attendent sur place avec la certitude qu'ils seront submergés. Tant que la lutte est possible, ils la soutiennent en réduisant le prix de leurs services jusqu'à les rendre à peu près gratuits ; ils ne se désistent que quand la besogne leur manque. Que deviennent-ils alors ? Il est aisé de s'en rendre compte. Ceux d'entre ces hommes que l'âge, les devoirs, les souvenirs, rattachent à la vie des champs y demeurent et y achèvent leur laborieux pèlerinage ; fendus aux travaux de la terre, le métier à tisser n'est plus pour eux que le compagnon des anciens jours. Un petit nombre cherche à exercer quelque profession locale. Les plus jeunes, moins enchaînés, plus avides de voir, émigrent vers les villes, dont ils adoptent promptement les goûts et subissent les séductions. C'est dans ces générations que les ateliers communs se recrutent. Les sujets qu'elles fournissent ont moins de répugnance pour les nouveautés, plus d'aptitude à s'y prêter ; ils éprouvent même jusqu'à un certain point le plaisir secret d'être supérieurs à leurs pères. Ainsi a lieu un autre classement, commandé par la nécessité, et dans lequel les existences matérielles ont éprouvé un moins rude échec que les habitudes morales.

On peut voir dans les galeries du Champ de Mars que le génie mécanique ne se laissera pas détourner de ses empiétements, et qu'il poursuivra le travail à la main dans les dernières positions qu'il occupe. Son arme de combat est aussi simple qu'énergique ; elle consiste à faire mieux, plus vite et à meilleur marché. Un détail suffira pour donner la mesure des conquêtes réalisées. Dans les machines à tisser, la vitesse n'a été accélérée que graduellement. Au début, on s'estimait heureux quand un métier parvenait à battre quatre-vingts coups par minute, c'est-à-dire quand la navette passait autant de fois entre les fils assujettis. On ne faisait guère ainsi que des calicots communs, et non sans temps d'arrêt. Peu à peu et d'année en année, cette vitesse initiale à été portée jusqu'à cent, cent vingt, cent quarante, cent quatre-vingts coups à la minute, avec des temps d'arrêt moins, fréquents et moins de brisures de fils. A l'exposition de Londres, en 1862, on citait des métiers d'exception battant deux cent quarante coups par minute, pour des étoiles de largeur moyenne ;

mais on doutait que ces instruments pussent devenir d'un emploi courant. Ils sont en tout cas dépassés de beaucoup, comme on peut s'en assurer au Champ de Mars. Dans l'exposition anglaise figure, sous le nom d'un fabricant de Bradford, une machine, à largeur réduite il est vrai, mais dont tous les organes sont traités avec un soin, on pourrait dire une élégance qui charme le regard quand elle est au repos. Manœuvre-t-elle, c'est un phénomène de vitesse ; on peut s'assurer, montre en main, qu'elle frappe de trois cent quarante à trois cent cinquante coups à la minute. La navette va et vient sans être autrement perceptible que par un battement qui se produit à chaque course. Ainsi de quatre-vingt à trois cent cinquante, voilà la distance parcourue avec des étapes intermédiaires. Ce perfectionnement, n'est pas le seul ; au début, le métier à tisser ne marchait qu'à une seule navette ; il va maintenant avec sept, huit et jusqu'à dix navettes. Pour la conduite d'un métier, il fallait un homme ou une femme ; une femme aujourd'hui mène deux métiers, et on cite dans les comtés du nord de l'Angleterre plusieurs manufactures où l'on a pu, sans que le service en souffrit, mettre quatre métiers sous la conduite d'un homme.

Comment le métier à bras résisterait-il à un siège dirigé avec cet art savant, et que précèdent de si formidables travaux d'approche ? Aussi y a-t-il chaque jour des positions emportées qui mettent à découvert celles qui tiennent encore. Roubaix, Amiens, Saint-Quentin, ont introduit dans leurs murs le métier mécanique, qui y jouera le rôle du cheval de Troie ; Rouen l'avait adopté depuis longtemps. Chacune de ses conquêtes est définitive, dans le coton les calicots, dans la laine les mérinos et les draps unis ; à mesure que ses organes s'assouplissent et se disciplinent, il pénètre dans la nouveauté, dans la fantaisie, dans le domaine de l'art. Il s'accommode des cartons Jacquart et les manœuvre comme peut le faire le tisserand armé de sa pédale. Cependant, il faut le dire, de toutes ces acquisitions, la plus désirable a jusqu'ici trompé sa poursuite ; la soie s'est montrée plus rebelle que le coton, la laine et le lin. Cela devait être Lyon a des traditions qui obligent, des titres acquis, de la richesse accumulée, et ne peut pas se jeter dans les aventures comme une ville qui aurait sa réputation et sa fortune à faire ; Lyon a en outre la conscience de sa force et ne se sent pas déchu. Qui donc prétendrait l'égaler pour l'esprit d'invention, le goût, le choix heureux des formes, la variété des dessins, l'éclat et la solidité des couleurs ? Personne assurément ; mais il y a pourtant deux choses dont.il faut que Lyon, si invulnérable qu'il se croie, ; tienne compte tôt ou tard. La première, c'est qu'en Suisse, en Allemagne, en Angleterre, les procédés mécaniques occupent une place de plus en plus grande dans la fabrication des tissus de soie, et que le débouché de ces états se développe au préjudice des ateliers de la Loire et du Rhône. L'exposition en dit beaucoup là-dessus à qui sait observer. La seconde chose dont Lyon aura tôt ou tard à tenir compte, ce sont les crises périodiques auxquelles la fabrique est sujette, et qui découlent évidemment d'un vice de constitution. Au moment où l'on s'y attend le moins, Lyon crie à l'aide, et il faut alors que l'assistance officielle s'en mêle soit avec une caisse de prêts, comme en 1832, soit avec un don sous prétexte de sociétés coopératives comme en 1866. Il n'y a rien là de régulier, ni au fond de bien efficace ; un malaise indélébile, une émigration persistante en sont les témoignages. Lyon se dépeuple au profit des villages environnants, où la vie est moins chère ; c'est la soierie plutôt que l'ouvrier qui se déplace. L'air des villes qu'obère un octroi ne peut plus lui convenir ; elle a même poussé des reconnaissances bien au-delà des communes de la banlieue lyonnaise, dans l'Isère, dans l'Ain, dans la Loire et la Haute-Loire, partout où des chutes d'eau offraient à l'industrie des forces à bon marché. Dans ce dernier cas, le travail porte sur les articles qui reçoivent la teinture après le tissage, comme les crêpes ou les foulards, et sur ceux qui, fabriqués en soie teinte, ont à subir un apprêt, comme les satins. La force des choses a amené ce double déplacement, et c'est un indice de ce qu'il faut faire de parti pris, résolument, avec un esprit de suite : il faut, comme on l'a conseillé, ouvrir à l'exécution mécanique un accès plus large, ne conserver les vieux cadres que pour les articles de choix, les briser pour les articles de débit courant et s'en remettre ensuite à l'étoile de Lyon, qui n'a jamais eu que de courtes éclipses.

En retraçant rapidement ce que la chimie, la physique et la mécanique ont introduit dans l'industrie d'éléments nouveaux, nous avons plané sur l'exposition ; il resterait à entrer dans le détail des produits et à en comparer les mérites. Est-ce bien le moment, et le jugement ne passerait-il pas pour prématuré ? Le jury qui doit prononcer en dernier ressort a une lourde tâche et une grave responsabilité ; convient-il d'y ajouter, comme complication, le tumulte des opinions extérieures ? Mieux vaut ajourner cet examen et s'en tenir pour cette fois à quelques réflexions rapides.

Il y a dix ans à peu près, une certaine émotion se répandit en France au sujet des écoles de dessin que multipliait la Grande-Bretagne pour arracher ses industries au mauvais goût qui y régnait. On disait bien haut que nous allions être dépossédés en matière d'arts et qu'après avoir surpris nos secrets, les Anglais seraient nos maîtres. L'exposition est là, l'occasion est bonne pour tirer au clair ce vieux grief ; personne n'y songe, tant il est vrai que tout ce bruit n'était qu'un prétexte à une violence contre d'anciens et légitimes droits d'une classe de l'Institut. Ce que voit aujourd'hui un spectateur désintéressé, c'est que, dans un échange habituel de rapports, les usurpations sont réciproques et plus générales qu'on n'aurait pu l'imaginer. Les peuples se copient, et en se copiant perdent beaucoup de leur physionomie originale. Chez les individus, le fait est visible ; les Orientaux même, avec leurs costumes si tranchés, n'échappent pas à cette sorte de dénaturation ; entre Européens, il n'y a plus que des nuances souvent imperceptibles, même pour des yeux exercés. Dans les produits, l'assimilation est plus frappante encore ; pour beaucoup d'entre eux, il est impossible de distinguer le pays et la main d'où ils sortent. Si l'esprit de concorde et de paix, source de ces affinités, se maintient longtemps parmi les hommes, il n'y aura bientôt plus entre les fruits de l'activité humaine d'autres dissemblances que celles qu'y maintiendront la nature du sol et la diversité des climats. Tout ce que l'homme y ajoute de façons, traité par les mêmes machines ou par des ouvriers mis fréquemment en contact, gardera nécessairement un air de parenté. Ceci peut conduire à un rêve qui continuerait celui de l'abbé de Saint-Pierre : la division du travail Rétablissant entre tous les peuples du globe, comme elle s'établit entre des compagnons d'atelier qui traitent chacun un détail pour exécuter à moins de frais possible et avec plus de perfection une œuvre commune. L'œuvre commune serait ici le triomphe de la civilisation la plus avancée sur toutes celles qui sont en retard.

Dans Son ensemble, l'exposition de 1867 a une physionomie qui la distingue de toutes celles dont nous avions été témoins. Aucune jusqu'ici n'a exercé sur la foule un attrait plus vif. La mise en scène y entre évidemment pour beaucoup : on y va plutôt pour un spectacle que pour une étude ; mais il en rester même pour les esprits les plus superficiels, des notions qui forment le goût et fortifient le jugement. Pour les hommes réfléchis, d'autres mérites s'y montrent, et dans la suite de ce travail nous aurons à les signaler. Ce qui les frappe le plus, c'est l'empressement qu'ont mis les exposants de toutes les nations à répondre à l'appel qui leur avait été fait, et à se présenter à ce pacifique combat avec leurs meilleures et leurs plus brillantes armes.

Louis Reybaud

II. Les industries du vêtement et de l'ameublement. — Les industries de luxe.

Se loger, se nourrir, se vêtir, voilà les trois grands besoins que la nature impose à l'homme et d'où sont nés les arts qui y pourvoient. C'est le strict nécessaire, c'est la condition de l'existence, et c'est en même temps le premier aiguillon de toute activité. Supposez l'homme pourvu de tout, sans effort à faire, sans obstacle à vaincre, à quoi eût abouti son passage sur cette terre ? A un état purement contemplatif ou à une agitation sans objet, suppositions dérisoires. Le travail seul explique et remplit la destinée humaine, et l'industrie est une des formes de ce travail, celle qui s'applique aux besoins du corps. A l'origine des civilisations, rien n'y est compliqué. L'arc du sauvage, le premier silex qui sert d'instrument tranchant, sont des objets d'industrie comme les machines dont nous tirons le plus de services. Quand l'homme, pour se garantir des rigueurs du froid, imagina de convertir en vêtements la dépouille des troupeaux, il créa une grande industrie ; quand, pour abriter sa tête, il pétrit la chaux et l'argile, lia la pierre, équarrit le bois, ce fut encore une grande industrie qu'il créa. Ainsi des autres, et ces industries, suggérées par l'instinct, se fixaient peu à peu dans la coutume. Informes d'abord, on les voit dans le cours des temps grandir, se raffiner, élargir les cadres de leurs services et y faire entrer des clients plus nombreux. Chaque génération transmet ainsi à celle qui lui succède plus d'aisance et de jouissances ; la condition de l'homme s'élève en même temps que son génie s'exerce et s'affermit. Dans ces civilisations plus mûres, les servitudes d'industrie disparaissent, et la conciliation des intérêts arrive du moins à ce degré que des nations autrefois séparées par des tarifs implacables confondent à l'envi dans la même enceinte les fruits de leur activité.

Vue ainsi, l'exposition ne manquerait pas de grandeur ; elle en garde encore, quoique à un degré moindre, dans l'analyse des détails. Dans les tissus et les meubles, par exemple, quel fonds d'observations à recueillir ? Rien qui n'es'y lie, l'esprit de découverte, le luxe des états, le régime de la main-d'œuvre. En y touchant, on est certain de porter la main sur la partie la plus vivante du concours, sur les familles de produits les plus variées et les plus abondantes. Le quart des exposants, 12,000 sur 50,000, appartient à ces deux catégories. Tous les produits qui s'y rattachent sont compris, il est vrai, dans ce calcul, depuis l'article le plus commun jusqu'à l'article le plus riche. Pour les tissus, que de branches diverses et que de diversité encore dans les mêmes branches ! Naguère, quand on avait nommé la soie, le coton, la laine et le lin, la série entière était parcourue ; aujourd'hui on est à peine à mi-chemin, tant se multiplient par de hardis essais les éléments de fabrication empruntés au règne animal et végétal. Ce sont d'abord les poils de chèvre, d'alpaga et de cachemire, les premiers en ligne pour la souplesse et l'éclat, puis les jutes de l'Inde et les herbes de Chine, plus consistantes et plus rudes, enfin les fibres du chanvre de Manille, du palmier, de l'aloès et de l'abaca, appropriées à des conditionnements particuliers. Encore, après ce dénombrement sommaire, reste-t-il à savoir comment ces matières se combinent et quel parti en tire l'art des mélanges, dont le champ s'est tant élargi. Aucun sujet ne réunit donc au même point l'abondance et l'originalité.

I

La soie et les soieries ont naturellement le pas ; le premier rang leur appartient dans l'art comme dans la tradition. Faut-il le dire ? un sentiment de tristesse pèse aujourd'hui sur cette partie de l'exposition ; ce n'est plus l'entrain, la confiance sans limites qui régnaient en 1855 et que justifiait l'aspect de véritables chefs-d'œuvre. Deux incidents ont jeté comme un deuil sur cette industrie : la maladie du ver à soie, les révolutions de la mode. Étrange fléau que cette maladie du ver ! Voici douze ans qu'elle a éclaté, et le voile qui la couvrait à ses débuts n'a fait que s'épaissir. Il y avait lieu de croire qu'il en serait de cette épidémie comme de toutes celles qui ont sévi sur d'autres cultures. Combien la liste en est longue déjà ! Ainsi nous avons vu la pomme de terre, s'affranchir par une cure naturelle de la pourriture qui en affectait les germes, la vigne délivrée par l'action du soufre des végétations parasites qui l'envahissaient, la peste du bétail elle-même reculer devant des mesures de défense prises à propos. Seule, la maladie du ver est restée ce qu'elle était, impénétrable dans ses causes, rebellé à tous les remèdes. Ni les missions officielles, ni les lumières des savants n'ont pourtant manqué à cette industrie en souffrance. A l'origine c'était M. Dumas, plus tard M. de Quatrefages, en dernier lieu c'est M. Pasteur, qui a étudié le mal au microscope pendant une saison. Bien des conseils ont été donnés, quelquefois contradictoires, bien des traitements imaginés, toujours impuissants. On n'était pas même fixé sur l'objet à guérir. Y avait-il infection, et alors où en était le germe ? Ceux-ci le plaçaient dans la graine du ver, ceux-là dans la feuille du mûrier ; on citait des exemples à l'appui de l'une et l'autre opinion ; ce litige a duré longtemps. Enfin tout récemment un certain accord s'est établi : il n'y a infection, dit-on, ni dans la feuille ni dans la graine ; tout le mal provient d'une dégénérescence de la race, d'un abus de la domestication. Le seul remède est un retour à une plus grande rusticité, et il en est ainsi dans tous les fléaux qui s'attachent aux cultures ; la nature y réagit contre des raffinements qui à la longue contrarient et violent ses lois. Dès lors il n'y aurait qu'un parti à prendre : fractionner les grandes éducations, multiplier les petites, former des chambrées de grainage avec des papillons de choix, et cela pour les vers étrangers également, puisqu'eux aussi dégénèrent à la seconde campagne. Voilà le dernier mot de la science ; peut-être sera-t-il aussi vain que le premier. En attendant, l'industrie de la soie est frappée de léthargie, doute d'elle-même, et sent que les produits qu'elle livre sont loin de valoir ceux qu'elle tirait d'espèces robustes, se reproduisant sans dégénérer.

Le catalogue de l'industrie des soies trahit ces découragements ; il y a des vides parmi les éleveurs des Cévennes, où se récoltaient naguère les plus belles soies connues, et dont les vallons abritaient des magnaneries citées comme des modèles. A peine quelques vétérans sont-ils à leur poste, les Blanchon, les Champanhet ; le gros des éleveurs s'est dispersé devant l'orage ; ce pays, si riche il y a douze ans, est jonché de ruines. Ce qu'on nommait le travail du *magnan* était une fête pour les campagnes de l'Ardèche, du Gard et de l'Hérault. Pendant six semaines environ, entre avril et mai, toute la population était littéralement sur pied : ce temps suffisait pour que le ver s'élevât, montât en bruyère et filât son cocon ; mais que de détails dans ces éducations, et comme les heures étaient bien remplies ! Point de limites fixes pour les journées ; à peine songeait-on au sommeil et au repos. On dînait debout, presque toujours de vivres froids, les soins de la cuisine auraient pris trop de temps. L'essentiel, c'était que le ver ne souffrît pas, qu'il fût délité après ses mues, qu'il eût de la feuille fraîche quatre fois par jour, qu'il trouvât, au moment venu, des branchages où il pût tisser à son gré sa dernière enveloppe. Tous les bras du ménage, forts ou faibles, y aidaient : les garçons dépouillaient les mûriers, les jeunes filles nettoyaient les claies ; chacun avait sa tâche, et toute autre activité semblait suspendue. La récolte faite, on portait les cocons sur le marché ; les cours s'établissaient, l'argent circulait, et l'aisance régnait à plusieurs lieues à la ronde. Tout s'en ressentait, le prix et le loyer des terres, le taux de la main-d'œuvre, le placement des denrées ; la soie animait, égayait, enrichissait le pays.

II. Les industries du vêtement et de l'ameublement...

Ainsi en était-il avant le fléau ; quel changement aujourd'hui et quel contraste !

Comment la soierie française n'en eût-elle pas été atteinte ? Les Cévennes, de temps immémorial, lui fournissaient son meilleur approvisionnement, et cet approvisionnement était devenu tout d'un coup incertain et suspect. Tout au moins fallait-il payer plus chèrement une soie plus médiocre. C'était là une véritable calamité, mais qu'y faire ? Guérir les vers indigènes ? Dix ans d'efforts, on l'a vu, n'y ont pas suffi ; il n'y avait donc, pour combler les vides, qu'à recourir aux soies étrangères. Naturellement on a dû songer d'abord à celles qui se rapprochaient le plus des nôtres par la nature et les procédés d'ouvraison. Les soies du nord de l'Italie étaient dès lors désignées, et ces belles plaines, siège de tant de filatures, eussent amplement pourvu à tous nos besoins, si le fléau ne les eût touchées presque à la même date que nous. Le dommage était le même, et la détresse a été commune : nul appui à attendre de ce côté. Cependant, à en juger par les produits exposés au Champ de Mars, le Piémont, la Lombardie et le Vénitien sembleraient être dans la voie d'une cure très franche, tandis qu'aucune apparence de ce genre ne se montre dans nos produits. Il est impossible de n'être pas frappé de la bonne figure que font les grèges, les organsins et les trames qui garnissent les vitrines italiennes ; Brescia, Novi, ont surtout des assortiments très complets. On dirait que ces soies, principalement celles qui proviennent des graines japonaises, ont retrouvé le brillant et le nerf des soies qu'on récoltait des deux côtés des Alpes dans les années saines. Serait-ce donc que l'Italie a découvert le spécifique qui manque à la France, ou bien ne faut-il voir dans ce succès apparent qu'un triage plus attentif des écheveaux et une plus habile mise en scène ?

Quoi qu'il en soit, à défaut de l'Italie, notre soierie était mise en demeure de se procurer sur d'autres marchés un supplément de provisions ; elle l'a fait patiemment et de proche en proche, sur le littoral de la Méditerranée d'abord, dans les Calabres, dans l'Asie-Mineure, dans les chaînes du Liban. Partout le fléau avait tracé sa voie ; les quantités devenaient rares, et la graine était infectée. Bon gré, mal gré, il a fallu pousser plus loin. C'est ainsi que du Bengale on est allé en Chine et de la Chine au Japon. Dans cet extrême Orient, la moisson du moins a été abondante, c'était le point essentiel, mais que de difficultés encore ! Aucune de ces soies n'avait été régulièrement traitée ; beaucoup d'entre elles étaient chargées de corps hétérogènes. Pour les approprier à nos métiers, il y avait à les reprendre de fond en comble, à les soumettre à un décreusage énergique qui les dégageât des impuretés. Bien des veilles et des soins ont été dépensés dans cette œuvre de préparation, qui nous a valu toute une famille de soies nouvelles d'un prix modéré et d'un bon emploi. On est allé plus loin, on a agi sur le cocon même ; rien n'était plus délicat. Jusqu'à ces derniers temps, le cocon était regardé comme un objet d'un transport impossible ; tout lui est contraire, la compression, l'état de l'atmosphère : c'est comme un fruit mûr qui ne peut être consommé que sur place. Le ver qu'il renferme ne peut se dissoudre sans altérer son enveloppe. Tels étaient les obstacles ; ils ont été vaincus. Les cocons sont devenus transportables sans dépréciation, voici comment : on les étend sur le sol en couches légères et on les soumet à l'action d'un soleil d'été. Au moyen de ce traitement, non-seulement les chrysalides périssent asphyxiées comme dans des fours et des étouffoirs, mais à la longue elles passent à l'état complet de dessiccation ; ce n'est plus un débris animal, c'est une poussière inerte. Plus de décomposition à craindre, plus de bavure, par conséquent plus de souillure possible pour les brins de soie. Alors au moyen d'un appareil mécanique les cocons sont aplatis, pressés, comme le seraient des figues sèches, et disposés par couches dans des caisses ou des ballots. Des ports du Liban, ils arrivent ainsi à Marseille, d'où ils sont dirigés vers les filatures où le dévidage doit s'opérer.

Dans les circonstances où elle se trouvait, l'industrie des soieries s'est donc défendue aussi bien que possible ; elle a paré au plus pressé et s'est assuré de quoi vivre. Pour corriger ce qu'ont encore d'imparfait les soies venues de si loin, il lui reste quelques belles soies de nos montagnes, et en les combinant elle a su maintenir au dedans et au dehors la renommée de nos étoffes. La maladie du ver, malgré sa durée, ne lui eût donc pas porté de bien rudes coups, si un incident ne fût venu en aggraver les effets. Voici deux ans bientôt que la soierie traverse une de ces révolutions de la mode qu'on ne saurait en industrie ni prévoir ni conjurer. Des crises de ce genre sont presque toujours la suite de quelques excès. Après 1852, au point de départ de beaucoup de fortunes équivoques, la toilette des femmes se jeta dans ce luxe à outrance dont M. Jules Simon parlait récemment au corps législatif. On en vit les preuves au concours de 1855. Les travaux d'apparat y dominaient ; l'étoffe riche, sous quelque nom qu'on la désigne, grand façonné, haute nouveauté, en était déjà à ces raffinements dont le goût s'offense et dont les mœurs souffrent. C'était entre les fabricants à qui enchérirait l'un sur l'autre pour la surcharge des dessins et l'élévation des prix. Encore quelques pas dans cette voie, et l'on en serait revenu au temps où une robe, à raison de la somme qu'il fallait y mettre, devenait un meuble de famille et se transmettait d'une génération à l'autre. C'est contre ces débauches de la vanité qu'une réaction a enfin eu lieu : nous y assistons. D'où est-elle venue ? Est-ce de la disette de soies vraiment supérieures ? est-ce, comme d'autres le pensent, de la suppression temporaire du débouché américain ? ou bien serait-ce que la réforme des toilettes a accompagné l'ébranlement des fortunes de mauvais aloi ? Peu importe, pourvu que le fait soit acquis, et il l'est pleinement. Le goût s'est évidemment tempéré ; à la poursuite de l'effet ont succédé des moyens plus simples et en même temps plus sûrs ; il y a dans la mise des femmes moins de prétention et plus d'harmonie ; on évite le chamarrage avec autant de soin qu'on le recherchait autrefois. Les préférences sont désormais pour les étoffes unies avec deux objets en vue, la beauté des teintures et la perfection du tissu. C'est là un premier retour à un art plus décent et une amende honorable qui arrive à propos après tant d'exagérations somptuaires.

Aussi le meilleur titre des expositions de Lyon et de Saint-Étienne est la sobriété. A peine, à les examiner de près, trouverait-on quelques exécutions outrées ou violentes ; dans tout le reste règne le juste sentiment du dessin et de la couleur. Quoi de mieux réussi, par exemple, que la série de satins ? Ils porteraient un défi à la palette la plus riche. Dans les tons adoucis comme dans les tons vigoureux, point de nuance qui n'y figure ; il y a là des blancs d'argent, des gris de perle, du rose tendre, du pourpre, du bleu et du vert d'aniline, comme aussi de ces noirs profonds que, sous un certain jour, traversent des reflets métalliques. Il en est de même des pouts-de-soie, qui en aucun concours n'ont été plus abondants ni plus élégants, soit en gros grains, soit en larges bandes, en écossais et en ombrés de couleur. Et les moires qui serpentent comme des sillons de foudre sur une étoffe unie et régulière comme le vélin, quelle profusion ! Il y a des chefs-d'œuvre en ce genre au Champ de Mars, entre autres une pièce de couleur mais dont la moirure s'empare du regard, quoi qu'on en ait, par l'ampleur de ses proportions. Les façonnés eux-mêmes, sans avoir les airs fanfarons d'autrefois, font encore bonne contenance et ont gagné en distinction ce qu'ils perdaient en turbulence ; il y a maintenant place à leurs côtés pour des articles, de grande vente, comme les taffetas noirs et les peluches pour chapeaux d'hommes ; mais de toutes ces collections, la plus brillante est celle des velours. Quel luxe de couleurs, et comme la lumière s'y brise capricieusement ! Nulle étoffe ne drape aussi bien, ne s'ajuste mieux aux formes ; il y en a pour tous les usages et de tous les prix, depuis

Louis Reybaud

la robe de bal jusqu'au corsage le plus modeste. Rare mérite que de pouvoir se rendre populaire sans déroger !

Saint-Étienne a eu comme Lyon ses révolutions de genres. Il y a une dizaine d'années, l'ornement était poussé à ses dernières limites ; on ne voyait que rubans chargés de fleurs, d'oiseaux, de ramages, de médaillons, quelquefois de motifs de paysage. Aujourd'hui c'est vers la simplicité qu'on incline ; plus d'essor ambitieux, on s'en tient au ruban uni, écossais ou quadrillé. Cette simplicité n'est point exempte d'art ; l'art consiste ici dans le choix des nuances et l'harmonie des tons, dans la gradation des couleurs, dans la combinaison des reflets et des ombres, dans les motifs qui se répètent symétriquement, carreaux, losanges, sillons de moire, dans les contrastes ingénieusement ménagés entre la chaîne et la trame. Par ce retour vers un décor plus sobre, il ne faut pas croire que la tâche du fabricant soit devenue plus facile, ni que son mérite soit diminué. Dans l'industrie, comme dans les lettres et les arts, on n'arrive à la simplicité qu'au prix d'un certain effort ; l'œuvre où le travail paraît le moins est souvent celle qui en à coûté le plus. On peut s'en convaincre par l'analyse, des rubans exposés. Comme Lyon, Saint-Étienne s'est surtout attaché à la beauté de la teinture et du tissu ; il a été bien inspiré. Dans la gamme de ses couleurs, à peine en trouverait-on une ou deux qui soient mal venues ; les autres couvrent de glacis sans tache des surfaces sans défaut. C'est évidemment là le lot du marché de Paris, le grand régulateur du goût. Pour les marchés étrangers, les genres sont plus mêlés, le clinquant reparaît ; chaque nation est servie comme elle l'entend : pour l'une ce sera le ruban broché d'argent et d'or, pour l'autre le ruban velouté ou gaufré, ou bien le ruban à effet d'armures. Il n'est pas d'article qui n'ait quelque part un débouché, et plus les prix s'abaissent, plus ce débouché s'étend. C'est ce qui arrive pour les rubans en soie pure ou mélangés de coton que l'on voit voltiger sur les épaules des femmes. D'où en est venue la mode ? On ne le sait ; mais quelle qu'en soit l'origine, elle a fait son chemin. Aucuns rubans n'ont plus de débit ; on les expédie par millions de mètres, et déjà on les traite mécaniquement, comme aux Mazeaux et à la Séauve, dans la Haute-Loire.

Tel est à vol d'oiseau, et sans toucher au chapitre délicat des noms propres, l'aspect de notre industrie des soieries ; que peuvent opposer à ces grands foyers de production les industries étrangères ? Les pièces sont sous nos yeux ; on est à même de comparer. Il y a d'abord à exclure les fabrications de fantaisie que chaque nation crée à son usage et dont les produits ne dépassent pas ses frontières ;

II. Les industries du vêtement et de l'ameublement...

c'est le cas pour tout l'Orient et pour une grande partie du midi de l'Europe. Aucune concurrence sérieuse n'est à craindre de ce côté. Depuis longtemps, Lyon a battu la Chine pour les crêpes, comme Tarare et Saint-Quentin ont battu l'Inde pour les mousselines. C'est autour de nous, à nos portes, qu'il faut chercher nos vrais rivaux, si tant est que nous en ayons : les mieux armés sont les Anglais, les Prussiens et les Suisses. Les Anglais ont peu exposé ; leur plus fort contingent est venu de Londres, probablement de seconde main ; Coventry, Manchester et Norwich ont fourni les autres envois. A ne les juger que sur l'exécution, ces étoffes ne sont pas de nature à nous causer grand souci. Du premier coup d'œil, on reconnaît la distance qui sépare l'élève du maître. Point de taches, point de tons faux dans l'exécution française ; dans l'exécution étrangère, il y a toujours de mauvais coups de navette, des parties qui déparent et où la main se trahit. En général on nous copie, mais on nous copie comme on parle notre langue, avec un accent étranger et quelques idiotismes. Il y a d'ailleurs un autre point où l'imitation échoue : c'est dans l'art du montage ; là nos ouvriers sont incomparables, ils trouvent sur le métier même des effets inattendus. Grands artistes que ces ouvriers, et comment les oublier quand on parle des merveilles qu'ils créent ? Le goût qui les anime a survécu à tout, à l'esprit de secte, aux révolutions de la mode et de la politique. Dessinateurs, apprêteurs, teinturiers, ourdisseurs, tous se prêtent sans effort et presque sans méthode un mutuel appui. C'est leur instinct, c'est leur nature ; ils font des chefs-d'œuvre comme on ferait ailleurs des choses vulgaires, naturellement et sans avoir la conscience de leur supériorité.

Avec de tels hommes, le plagiat ne serait donc pas à craindre, s'il n'avait à son service des procédés perfectionnés, c'est-à-dire la, vapeur et son organisme précis. L'Angleterre en effet l'a largement appliquée au tissage de la soie ; tous ses nouveaux ateliers marchent mécaniquement, et on y fabrique, des articles assez délicats, comme les brocatelles, les velours, les damas, les tissus pour robes, pour meubles, pour cravates. Entre cette exécution et l'exécution à la main, au degré où les Anglais l'avaient conduite, la distance n'est pas sensible. Ce qui manque à ces étoffes, c'est un je ne sais quoi plus aisé à sentir qu'à définir, c'est la manière, c'est le goût, le choix des dessins, l'harmonie des couleurs, la disposition générale. La même cause nous protège du côté de la Prusse, où, comme en Angleterre, la vapeur s'est emparée de quelques soieries. Elberfeld, Crefeld et Viersen sont les trois principaux sièges de ce travail, Elberfeld pour les grandes étoffes, Crefeld et Viersen pour les pièces et rubans de velours. A étudier ces produits, on en vient à comprendre comment, si loin des marchés de la matière première, une industrie peut vivre et prospérer par les façons particulières dont elle a le secret. Ce qui distingue le génie allemand, c'est moins l'originalité que le don de l'imitation et une sorte d'archaïsme appliqué aux arts comme à la science. Autant nous aimons à imposer nos goûts, autant les Allemands subordonnent volontiers le leur aux coutumes, aux traditions de leur clientèle. A Elberfeld, c'est au service des colonies espagnoles que se sont mis cet esprit de calcul et cette aptitude de la main ; les robes, les mantilles qui sont sur les métiers reproduisent des modes américaines. A Crefeld et à Viersen, les cartes d'échantillons se composent d'emprunts faits au Tyrol, aux échelles du Levant, aux pays barbaresques. C'est vers ces contrées que se dirige une partie des velours fabriqués dans les deux villes allemandes. Le mérite des produits est dans la fidélité de reproduction des types originaux ; les ouvriers n'y ajoutent et n'en retranchent rien. Même en face du marché de Paris, ce procédé a réussi pour les galons et rubans employés en bordure. Le crédit de Viersen et de Crefeld était naguère si bien établi sur ces articles, que Saint-Étienne et Lyon en ont éprouvé pendant plusieurs aimées un préjudice réel. Il a fallu un vigoureux effort pour ramener la faveur de notre côté, et la partie n'est qu'à demi gagnée.

De la part de la Suisse, les envahissements sont également possibles. La Suisse a, comme l'Angleterre, les procédés mécaniques, comme l'Allemagne, le débouché lointain ; elle a de plus chez elle la vie à bon marché dans la plus sérieuse acception du mot. Sa frontière, largement ouverte, lui donne le choix parmi les objets de consommation qui sont à sa portée, et la quotité d'impôts qu'elle paie en moyenne n'est que de 10 francs par tête, tandis que cette quotité s'élève en France, tout compris, à plus de 60 francs, Ce sont là en industrie des avantages significatifs, des compensations qui permettent de maintenir les salaires à des taux tellement réduits qu'ils paraîtraient dérisoires dans des pays moins ménagés par la fiscalité. Il n'est pas rare en effet de voir, dans les cantons du nord et pour certains travaux, le prix de la journée descendre en Suisse à 1 fr. 50 c, même à 1 fr. 25 c. pour les hommes, à 80 et 90 centimes pour les femmes. Ce ne sont, il est vrai, que des tâches de manœuvres ; mais encore faut-il que ces manœuvres puissent vivre. Comment s'en tirent-ils ? Mieux qu'on ne le supposerait. Ces prix ne subsistent guère que dans les campagnes, où chaque homme a son chalet avec un morceau de champ, quelquefois une basse-cour et une étable. Ce salaire n'est donc qu'un supplément, et, si mince qu'il soit, l'ouvrier s'en contente ; il sent que l'industrie locale, dans les conditions d'isolement où elle se trouve, est une entreprise de gagne-petit qui ne s'accommoderait pas de prétentions exagérées. Il y conforme le loyer de ses services et la rend viable à cette condition. De son côté, le fabricant se contente de profits modérés et vit près de ses ouvriers avec une simplicité qui désarme leurs jalousies. L'industrie suisse marche ainsi sans bruit ni grèves, comme un produit de mœurs saines et d'institutions libres. L'exposition réfléchit bien la solidité de ses mérites. Rien au clinquant, rien pour l'effet ; ses étoffes, ses rubans sont donnés pour ce qu'ils sont, offerts pour ce qu'ils valent, sans qu'aucun apprêt les relève ou qu'un arrangement d'étalage les mette mieux en relief. On peut les palper, les examiner à la loupe, compter les duites, tout est sincère dans la montre qu'on en fait. L'assortiment entier, de dispositions, modestes, ne vise pas plus haut que la consommation courante, mais il remplit bien cet office. Les dessins, constamment simples, sont choisis avec goût, les couleurs sont franches, le tissu est ourdi avec soin, les prix, tels qu'on les établit, sont à la portée des moindres fortunes. Isolés, ces titres ne sont pas communs ; réunis, ils classent une industrie parmi les plus méritantes. Dans cette distribution, Bâle a les rubans, Zurich les étoffes ; les deux cantons, en bons confédérés, semblent s'être partagé les rôles sans se porter envie ni se nuire réciproquement.

Une remarque à faire sur ces fabrications, c'est qu'elles emploient, au moins en mélange, la bourre de soie, ou, en termes de métier, la *fantaisie*. Cette fantaisie se compose des déchets de la filature et de l'ouvraison, comme aussi des cocons accouplés ou bien des cocons dont la phalène est sortie et qui se cardent au lieu de se filer. Les meilleures préparations en ce genre se font en Suisse ; ces fils, connus sous le nom de *schappes*, s'appliquent aux velours, aux taffetas, aux rubans, à toutes les petites étoffes d'un coût minime et d'un grand débit. C'est par quantités énormes que ces marchandises s'exportent, et peut-être, Lyon et Saint-Etienne les ont-elles traitées jusqu'ici avec trop de dédain. Il existe en effet dans nos grands ateliers un point d'honneur qui y entretient l'horreur du mélange et le culte de la soie pure. Personne ne veut encourir le reproche que l'industrie a déchu dans ses mains ; le fabricant s'y résignerait, que l'ouvrier ne s'y prêterait pas. En plus d'une circonstance, ce sentiment s'est fait jour. L'introduction des soies de Bengale sur nos métiers a été presque un coup d'état ; on n'a cédé qu'à la nécessité. Pour les bourres de soie et les amalgames du coton, les résistances sont encore très vives ; à peine citerait-on en ce genre quelques ateliers spéciaux. Ces scrupules sont dignes de respect ; il ne faudrait pourtant pas les exagérer. Il y a là une branche considérable de travail ; pourquoi ne pas la revendiquer plus largement, sauf à en bien marquer la nature et à en justifier l'adoption par des perfectionnements décisifs ?

Voilà nos trois rivaux directs, et en aucun temps l'industrie des soieries n'en a pris sérieusement ombrage ; à la suite de ce concours, elle y sera moins disposée que jamais. Faut-il donner maintenant une mention aux rivalités indirectes, celle de l'Autriche, celle de l'Italie ? Aucun de ces états n'a fourni la mesure de sa force ; la guerre y avait mis empêchement. L'Autriche est fort en arrière de 1855, où ses produits causèrent quelque surprise ; l'Italie n'est représentée que par la chambre de commerce de Côme et quelques villes comme Gênes, Turin et Milan. C'est une double revanche à prendre. Que dire des envois de la Turquie ? Tout au plus comptent-ils à titre de curiosité. En mettant en réquisition les gens des *eyalets* et des *vilayets* (circonscriptions administratives), on est parvenu à former, pour la soierie seule, un total de deux cents exposants. Ils ne sont pas, il est vrai, bien chargés de bagage : celui-ci a des draps de lit, celui-là des chemises, un troisième des essuie-mains, le tout en soie écrue ; mais le nombre y est, et le gouvernement turc y a mis de la discrétion ; les pachas aidant et avec les procédés familiers aux pays orientaux, on eût pu remplir les galeries.

II

Le coton a eu, comme la soie, sa période de crise, dont quelques effets persistent encore ; de 1860 à 1865, il a traversé un régime de disette. Jamais calamité pareille n'avait frappé une industrie ; il s'agissait d'une valeur qui dépasse 2 milliards de francs et du sort d'un million d'ouvriers. Le plus grand marché d'approvisionnement, l'Amérique du Nord, venait d'être brusquement fermé, et la denrée était emportée par un mouvement de hausse à causer des vertiges. Qui ne se souvient des émotions et des soucis nés de ces événements ? De tous côtés les métiers cessaient de battre, un instant on put craindre que pas un établissement ne survécût à cette épreuve. Le salut est venu d'un approvisionnement auxiliaire suscité à temps et entretenu par des moyens ingénieux. Il est venu aussi, ce qui ne semblait pas probable, du renchérissement même. Ce renchérissement délivrait l'industrie du coton de son embarras le plus fréquent, l'engorgement des produits, et la rendait maîtresse du débouché, cas assez rare ; au lieu de subir la loi, elle la dictait. A la hausse tout le monde gagne, et ici quelle hausse ! Le prix de l'article porté de 1 à 8 et maintenu pendant quatre ans à cette exorbitante plus-value. Ce n'était plus dès lors ni de l'industrie ni du commerce, c'était une spéculation qui a souvent pris un caractère d'emportement. Peu de fabricants ont su garder leur sang-froid ; le plus grand nombre a trouvé dans les bénéfices du jeu d'amples compensations à la réduction du travail. Moins il y avait de cotons dans les entrepôts, plus il s'échangeait à la bourse de cotons imaginaires. Aussi la liquidation qui depuis trois ans se poursuit est-elle des plus pénibles. On est à la baisse aujourd'hui, et à la baisse il n'y a que de la perte pour les détenteurs sérieux. Il en est qui se sont chargés plus que ne comportaient leurs forces : de là des sinistres. D'un autre côté, l'Amérique du Nord reparaît sur les marchés d'Europe avec des quantités qui chaque jour grandissent et des qualités qui souffrent peu de comparaisons. C'est un premier trouble jeté dans cette industrie, et qui ne semble pas de nature à cesser promptement.

Il y en a un second : à la même date où commençait le blocus des ports américains, nos ports de France se sont ouverts, moyennant des droits modérés, à l'introduction des marchandises anglaises. Les traités de commerce en vigueur datent de 1860 et de 1861. Le premier mouvement de nos industries fut, on s'en souvient, d'en prendre l'alarme, et, plus qu'une autre, l'industrie du coton se crut condamnée. Sur combien de points ne se disait-elle pas vulnérable : le prix des charbons, du fer, des machines, éléments ou instruments de son travail, le loyer des capitaux, la perfection de la main-d'œuvre, l'étendue des débouchés ! L'exposer à un tel choc, c'était, assurait-elle, vouloir de gaîté de cœur qu'elle fût brisée comme verre ; du moins eût-il été prudent d'attendre qu'elle fût mieux préparée. Le temps a passé sur ces doléances et en a démontré le peu de fondement. La liberté, ici comme partout, n'a eu que d'heureux effets ; elle a dégagé les intérêts généraux sans froisser d'une manière sensible aucun intérêt particulier. Loin de sombrer dans cette expérience, notre industrie du coton s'est plutôt fortifiée. L'Angleterre, à la vérité, n'a rien perdu des avantages qui lui sont propres, le bas prix de la houille et la puissance des moyens d'échange ; mais nous avons eu en revanche des compensations très réelles dans les conditions plus modérées de la main-d'œuvre et l'élan salutaire que les besoins de la défense ont imprimé aux établissements menacés. C'est une justice d'avouer qu'aux plaintes de la première heure a succédé l'effort le plus viril et le plus soutenu. Rien n'a été épargné pour que les chances fussent

Louis Reybaud

au moins balancées. Jusqu'alors, beaucoup de filatures, énervées par le régime de la protection, avaient vécu petitement sur un outillage défectueux ; cet outillage a été complètement renouvelé. D'autres fois les exploitations se constituaient sur une échelle trop réduite, ce qui les frappait de langueur ; partout aujourd'hui la moyenne des exploitations s'est relevée de manière que les moindres d'entre elles fournissent un bon service. Bref, dans tous les sens et de toutes les façons on s'est mis en mesure de résister, le cas échéant, et avec de meilleures armes que par le passé. Ni la disette des matières ni le ralentissement relatif du travail n'ont empêché ce mouvement d'aboutir.

Dans ces surprises des événements, il n'y a qu'un objet qui ait réellement souffert, c'est le produit ouvré, et l'on va comprendre pourquoi. Le coton américain était un coton incomparable tant pour les tissus communs que pour les tissus fins ; il défrayait à lui seul, au moment où il fit défaut à l'Europe, les neuf dixièmes des consommations. On peut dire que, depuis le calicot jusqu'à la mousseline, tout lui appartenait. Quel embarras et quel vide lorsqu'à un jour donné il fallut le suppléer dans tous ses services ! A quelles contrées recourir ? Où trouver l'analogue, à quelques degrés près, de ces qualités qui jouissaient sur tous les marchés du monde de préférences enracinées ? Le problème n'était pas aisé à résoudre. L'Égypte, le Brésil et l'Algérie avaient bien quelques cotons de choix, mais en quantités limitées par les surfaces propres à ces cultures. C'était à peine la vingtième partie de l'approvisionnement interrompu. Tout calcul fait, les Indes anglaises pouvaient seules en former le principal appoint ; malheureusement la qualité du coton était des plus médiocres. Le produit se ressentait du traitement empirique auquel les natifs soumettaient la plante ; dans une cueillette faite sans soin, ils énervaient la fibre et la laissaient en outre chargée d'impuretés. C'est avec ces cotons lentement et insuffisamment améliorés que pendant cinq ans au moins ont marché nos tissages. Les besoins étaient tels qu'on ne regardait ni aux qualités ni aux prix, et par suite il existe aujourd'hui tant dans les magasins de détail que dans les réserves des ménages une masse d'étoffes qui n'ont ni le nerf ni la finesse de celles d'autrefois. L'apparence y est, grâce à l'apprêt qu'on leur donne, mais c'est au fond un produit inférieur et peu durable. Nul doute qu'à la longue l'industrie n'eût périclité, si le coton américain, réintégré sur nos marchés, ne fût venu la relever de cette déchéance.

C'est là ce qui répand une ombre sur les expositions des tissus de coton ; elles sont le dernier témoignage de deux faits fâcheux : des prix élevés, des matières médiocres. Que nous sommes loin des prodiges de rabais de 1855, quand Manchester, représenté par un comité, groupa les échantillons de ses industries dans un imposant ensemble ! Il y avait dans le nombre un petit article qui fit alors beaucoup de bruit, un calicot de 80 centimètres de largeur offert au prix de 17 centimes le mètre, — tour de force probablement ; — mais avec cette circonstance que la marchandise voisine ne s'en éloignait guère : 20, 25, 30 centimes le mètre, en fils Louisiane très corsés, très soyeux, donnant des tissus d'un bel aspect et d'un bon usage. Où sont aujourd'hui ces qualités, et là où elles reparaissent, quels en sont les prix ? Tant qu'on ne nous aura pas rendu la recette autrefois vulgaire de produire bien à bon marché, les expositions manqueront une partie de leur objet et la plus essentielle, la diffusion de l'aisance dans les classes où elle ne pénètre que lentement. Un autre mécompte pèse sur celle-ci, la mode s'est détournée des tissus de luxe dans ce qu'ils avaient de plus achevé. L'Alsace y était inimitable, et chaque année elle ménageait de nouvelles surprises au public. L'imagination de ses fabricants a-t-elle cédé à un moment de lassitude ? Non ; elle invente encore, multiplie ses nouveautés, couvre ses jaconas, ses basins, ses piqués, ses mousselines, des couleurs les plus fraîches ; elle est toujours aussi bien inspirée, aussi habile, aussi active ; seulement c'est pour les marchés étrangers qu'en grande, partie elle travaille ; le. goût des toiles peintes, pour employer le nom qu'on leur donne, a passé parmi nous, et il faut dire que les saisons, comme elles se succèdent, ne se prêtent guère à un retour de faveur. Dans les conditions qui viennent d'être décrites, il était difficile qu'une exposition de fils et de tissus de coton apportât beaucoup de noms nouveaux. En revanche tous les vétérans sont à leur poste et dans le nombre les lauréats de vingt concours, les Dollfus, les Bourcart, les Kœchlin, pour ne citer que ceux-là. Quant aux produits, ceux qui s'adressent au monde élégant conservent-la grande tournure d'autrefois ; ceux qui desservent des besoins plus modestes ont de l'aspect et une solidité relative. C'est l'Alsace qui cette fois encore mène la phalange ; elle embrasse tous les genres ornés ou unis dans les cadres de son travail ; aucun détail ne lui échappe ni dans la filature, ni dans le tissage, ni dans l'impression ; elle y ajoute les cotons à coudre et à broder, simples ou retors. La Normandie entre en partage pour les mêmes fabrications, et elle en a en outre une qui lui est propre, la rouennerie, c'est-à-dire des pièces d'étoffes ou de mouchoirs teints en fil et comportant quelques motifs d'ornement. Rien de plus curieux que cette industrie, l'une des plus vigoureuses que nous ayons et qui a pour principal siège les campagnes du pays de Caux. L'ouvrier est ici un véritable entrepreneur qui achète ses fils et vend son tissu en cherchant à se ménager sur cette opération un bénéfice qui représente son salaire. Quand ce n'est pas l'ouvrier lui-même qui spécule ainsi, c'est une sorte de facteur rural qui se substitue à l'ouvrier, lui fait des avances et s'en couvre par la vente. Le compte final s'établit à la halle de Rouen : des montagnes d'étoffes y sont en moins de quelques heures converties en argent soit par un marché direct, soit au moyen d'intermédiaires. Un autre article particulier à la Normandie, c'est la toile destinée aux pays nègres ou arabes : le Sénégal prend des guinées bleues, l'Algérie des pièces écrues portant une invocation à Dieu et au prophète. Pour la Picardie, le vrai titre est dans la variété et l'abondance des assortiments ; les attributions se partagent entre Saint-Quentin et Amiens, ou plutôt entre les campagnes environnantes ; Saint-Quentin excelle dans les articles de blanc, jaconas, nansouks et gazes, Amiens dans les étoffes mélangées et tirées à poil. Enfin Tarare et Roanne offrent le contraste d'objets de luxe, comme la tarlatane et la broderie riche, et de futaines ou draperies communes qui sortent des ateliers de leurs montagnes. Dans tout cela, il y a sans doute des efforts sérieux, un désir de perfection, un soin des détails qui frappent les hommes du métier ; mais pour la foule il n'y a plus de surprises, et elle en est avide par-dessus tout.

Les envois des pays étrangers sont l'objet du même délaissement, peut-être parce qu'ils sont en petit nombre. Manchester et Glasgow, de qui il y aurait eu tant à attendre, se sont montrés d'une parcimonie fâcheuse. L'exposition collective a été tardive et insuffisante, et dans les expositions individuelles point de noms de premier ordre, si ce n'est MM. Bazley et Armitage. Aucun de ces fabricants d'indiennes qui impriment jusqu'à 40 millions de mètres d'étoffes par an ; rien de nouveau d'ailleurs ni de saillant dans les produits. D'où vient cela ? Est-ce indifférence, est-ce dédain ? Non, c'est plutôt le sentiment qu'une industrie dans sa convalescence a besoin de se recueillir. A en juger par les abstentions, ce calcul a dû être commun à toute la région allemande. A part Gladbach, dans la Prusse rhénane, qui a fourni quelques filés ou tissus, et un petit nombre de lots venus de la Bohême, de Plauen entre autres, il n'y a à noter dans le reste de l'Europe que l'effort très marqué fait par la Russie pour introduire chez elle l'industrie du coton de toutes pièces. En Suisse seulement, un incident s'est produit, non dans la filature ni dans l'ensemble des tissages, mais dans un art spécial, la broderie. On sait de quel intérêt cette broderie, en apparence secondaire, est pour les cantons qui confinent au lac de Constance, Saint-Gall et Appenzell. Ces deux cantons, qui, réunis, ne comptent pas 300,000 âmes, ont pu, dans une seule branche d'industrie, balancer la fortune des grands états, former 50,000 ouvrières et créer une valeur annuelle de 30 millions de francs. Curieuse industrie, surtout par la manière dont elle s'exerce ! Elle a ses comptoirs et ses magasins à Saint-Gall, d'où part et où aboutit l'impulsion, mais ses ateliers sont en grande partie en plein air, dans les deux Appenzell ou les deux Rhodes, comme on les nomme. Qu'on se rende à Trogen et à Hérisau, et le long des chemins on verra les ouvriers et les ouvrières à l'œuvre. Toute fille gardant un troupeau, quelquefois de jeunes garçons, promènent l'aiguille sur un tambour garni d'une étoffe enroulée ou exécutent au crochet des bandes de rideaux. C'est l'emploi obligé des mains disponibles, et partout on s'y livre, sur le seuil des portes, sous les tonnelles, dans les prés, dans les bois ; le tambour à broderie est un compagnon dont on ne se sépare point : ici il est suspendu aux branches des arbres, là au joug des bœufs, en mouvement ou au repos, toujours à portée.

Ce tambour nomade est sérieusement menacé ; il y a au Champ de Mars, sous les vitrines de l'estrade suisse, une série de broderies exécutées mécaniquement, douloureux présage pour les deux cent mille femmes qui en Europe vivent de l'aiguille ou du crochet à broder. Nous avions bien eu des essais en ce genre à Saint-Quentin et à Paris, mais ils s'étaient réduits à quelques dessins très simples, des points d'esprit, des fleurs informes, des tâtonnements en un mot. Ici, dans les coupons exposés, l'exécution est franche, avec des reliefs très nets, et l'ornement semble comporter à peu près tout ce qui se fait au tambour. Si c'est là une œuvre sérieuse et qui puisse devenir industrielle, ce sera un chapitre de plus à ajouter à cette révolution mécanique, cause déjà de tant de souffrances populaires. Nul doute que la vie rurale n'en soit profondément troublée dans les cantons où la broderie à la main était depuis longtemps une ressource régulière, ayant sa place dans le budget des ménages. Cette ressource, le cas se réalisant, disparaîtra ou du moins se modifiera : la fabrique au pied levé fera place à la fabrique sédentaire. Si habitué que l'on soit à ces déplacements, on ne saurait assister à celui-ci sans regret. Le sort ne pourrait frapper un meilleur peuple. La campagne du Rhode extérieur est une suite de jardins coupés de quelques cultures ; nulle part les habitudes pastorales ne sont demeurées plus en honneur. Point de villes, quelques bourgs à peine, surtout des maisons éparses et entourées d'un clos. Ce qu'on nomme une police dans les grands états est ici chose inconnue ; une surveillance mutuelle, là où tout le monde se connaît, suffit pour la sûreté des personnes et le maintien des bonnes mœurs. La loi politique du pays est un régime patriarcal où les dissentiments sont rares. Il en existait un autrefois dans la différence des religions, l'un des deux Rhodes étant protestant, l'autre catholique ; quelques troubles en étaient même issus. Ces troubles appartiennent désormais à l'histoire ; ils se sont éteints il y a plusieurs siècles dans un pacte respecté de part et d'autre, et si bien que dans quelques localités les mêmes églises et les mêmes temples servent indistinctement aux cérémonies des deux cultes.

III

Nous voici aux fils et aux tissus de laine ; c'est l'industrie que depuis dix ans les événements ont mise le plus en évidence. Les dommages qui se multipliaient autour d'elle lui ont profité ; elle a pris au coton tout ce qu'elle pouvait lui prendre et a empiété sur la soie en s'efforçant d'en imiter le lustre. Elle s'est arrondie, en un mot, pendant que par la force des choses ses deux rivales subissaient des démembrements. Que la maladie du ver cesse, que les beaux cotons abondent de nouveau, et la laine sera, comme tous les conquérants, exposée à des représailles.

Elle est menacée d'un autre côté. On sait ce que l'industrie des lainages doit à l'introduction du mérinos, qui date de la fin du siècle dernier, et aux croisements qui en sont issus. Après une expérience séculaire, il paraissait établi que nulle matière n'est préférable à celle que fournit ce type renommé ; on ne la discutait pas. Aujourd'hui on la discute, et on se demande si ces toisons d'une finesse incomparable ne font pas payer trop cher les services qu'elles rendent. Le mouton en effet est une créature à deux fins ; il doit donner à la fois de la laine et de la viande, deux produits qui n'ont jamais pu se mettre en équilibre et qui passent pour incompatibles aux yeux de bien des gens. Comment ne pas incliner à le croire ? Les races d'élite, celles qui fournissent à l'industrie ses plus beaux fils, les races de Naz et de Rambouillet, la race électorale, ne donnent à l'abattoir que peu de viande et de la viande médiocre. Leurs flancs creux, leur poitrine, leur croupe et leurs reins serrés ne se prêtent pas à l'engraissement. Ce ne sont à la lettre que des bêtes à laine, et encore, si cette laine a de la douceur, elle laisse à désirer pour l'éclat du brin et la longueur de la mèche. Qu'en conclure ? A la rigueur ceci, qu'entre les deux produits la viande n'est pas le moins utile et qu'il faut vivre avant de se vêtir ; mais ce serait trancher dans le vif, et les accommodements sont possibles. A quelque croisement qu'on soumette nos troupeaux, les laines fines ne manqueront jamais, dans nos pâturages maigres d'abord, qui sont par destination de vrais parcs à mérinos, puis dans les docks de Londres, dont nos filateurs connaissent le chemin et où abondent les laines d'Australie, désormais classées parmi les meilleures.

Tel est le défi qu'au nom de l'agriculture on a récemment jeté à l'industrie de la laine, et voici la transaction qu'on lui propose. Il s'agirait de convertir le mérinos, déjà fort amalgamé dans la Beauce et dans la Brie, en une bête mixte qui troquerait la supériorité bien établie de sa toison contre une charpente mieux conformée. Peut-être nos tissus seraient-ils moins souples, mais les étaux de nos bouchers seraient plus copieusement garnis. Projets en l'air ! dira-t-on ; la foi aux croisements est en réel déclin, chacun s'en tient à ce qu'il a. Soit, mais les convenances commerciales ne capitulent pas pour cela, et voici ce qui arrive. Dans le cours de quarante ans, le prix de la laine a baissé de deux tiers au moins, tandis que celui de la viande montait au double et au triple. En 1805, la laine en suint valait 7 fr. le kilogramme, et en 1816 elle était encore cotée à 5 fr. ; depuis lors, par des dépréciations brusques ou lentes, elle est arrivée au prix où nous la voyons, oscillant entre 2 fr. et 2 fr. 50. D'un autre côté, la viande suivait la progression inverse. Sans remonter bien loin, on peut se souvenir du temps où l'on trouvait sur de certains marchés de la viande passable entre 50 et 75 c. le kilogramme. Nous voici aujourd'hui au double dans beaucoup de localités, au triple dans quelques autres, et il faut s'accoutumer à l'idée que, l'aisance aidant, le prix de 3 fr. le kilogramme ne passera plus pour une prétention exorbitante. S'il en est ainsi, le calcul le plus élémentaire démontrerait que sacrifier la laine à la viande est tout bénéfice pour l'éleveur : avec la laine, à peine couvre-t-on ses frais ; avec la viande, la marge est déjà belle et devient chaque jour plus engageante. Ce changement, il est vrai, ne se réalisera point d'un coup de baguette : on ne refait pas une race en un jour, il faut pour cela de l'argent, de la patience, presque du génie ; mais, petit ou grand, aucun obstacle ne tiendrait devant les nécessités de l'alimentation, si elles devenaient plus impérieuses.

Dans tous les cas, l'industrie des lainages, n'en serait point ébranlée ; c'est une de nos industries les plus vaillantes. Elle n'a jamais éprouvé, au nom seul du produit étranger, ces peurs et ces colères qui troublaient les autres jusqu'au vertige. Familiarisée avec les marchés du dehors, elle s'y était aguerrie dans un combat à égalité d'armes

Louis Reybaud

où toutes les nations avaient leurs représentants. La part qu'elle s'y était ménagée était des plus avantageuses. Ou elle avait évincé tous ses concurrents, comme pour les tissus de mérinos, ou elle était du moins entrée en partage avec eux, comme pour les draperies légères et les étoiles de nouveauté. Dans ce mouvement extérieur, point de temps d'arrêt ni d'échecs, si ce n'est ceux que nous infligeaient des tarifs hostiles ou des événements politiques. En des temps et par des traitements réguliers, toute prise de possession a été définitive, et il est peu d'exemples d'un débouché où notre industrie, une fois introduite, n'ait été en s'affermissant.

Une autre épreuve, plus décisive encore, ne l'a pas trouvée moins résolue : c'est celle des traités de commerce, dont on a déjà pu suivre les effets sur les autres tissus. Il y avait là une cause très naturelle d'émotions et un champ ouvert aux conjectures. Tout ne se bornait pas, pour les hommes prévoyants, à la question de savoir si, au fond, nous étions à même de soutenir le choc de ces entreprenants voisins à qui nous ouvrions délibérément nos portes. Un autre souci devait s'y mêler. A l'état réel des forces engagées et aux chances qui en découlaient s'ajoutaient, comme menace, les surprises et les caprices de l'opinion. Le passé là-dessus n'était pas rassurant. Ces préférences de la première heure avaient contribué pour une bonne part au préjudice causé à nos industries par le traité de commerce de 1786, signé par M. de Vergennes, Il devint alors de bon ton de mettre en crédit les produits anglais et d'aggraver ainsi la situation de nos produits, qui n'auraient jamais eu autant besoin d'être soutenus. Dans les mêmes circonstances, la faute, en 1861, aurait pu être renouvelée. Il eût suffi pour cela d'un de ces engouements qui naissent on ne sait pourquoi et acquièrent d'autant plus de violence qu'ils ont moins de raison d'être. Le courant d'imitation une fois établi, le mal eût pu devenir grand, jeter du trouble sur ce nouvel essai de liberté, donner à l'incident une telle importance que l'objet de l'expérience eût pour ainsi dire disparu dans une équivoque.

Cette seconde déception nous a été épargnée ; tout s'est réduit à d'insignifiantes alertes. Il y a bien eu, dans le goût public, quelques accès de fantaisie, quelques préférences pour ce fruit longtemps défendu et désormais mis à notre portée ; les choses n'ont pas pris le caractère d'un danger et d'un dommage sérieux. Ce n'a plus été comme jadis une invasion en règle, servie par des connivences étourdies ; c'est une suite d'escarmouches qui se répètent encore contre nos positions les moins bien gardées. Çà et là, de temps à autre, quelques trouées sont faites, mais le front de nos troupes se reforme aussitôt sans préjudice sensible. Nos représailles sont autrement vigoureuses, comme le témoignent les tableaux officiels. A une valeur de 30 millions environ de lainages introduits chez nous dans l'année la plus chargée, nous avons opposé 145 millions d'exportations, près de cinq fois l'équivalent. Des deux parts d'ailleurs l'effort a été dès le début ce qu'il pouvait être. Il n'est pas de genre sur lequel nous n'ayons été éprouvés ; voici bientôt sept ans qu'il y a sur la place de Paris comme un défilé d'étoffes foulées et d'étoffes rases marquées aux étiquettes étrangères : elles pullulent cette année. Bien peu ont eu les honneurs d'un classement régulier ; les plus heureuses ne persistent que comme assortiment. Ce sont des exceptions auxquelles il faut se résigner de bonne grâce ; le peu qu'on nous dispute démontre la solidité de position de ce qu'on renonce à nous disputer. En somme, sur ce chef du moins, et jusqu'à la date où nous sommes, l'épreuve a été concluante. Elle atteste quels pas nous avons faits depuis l'époque bientôt séculaire où un relâchement de rigueur à la frontière suffisait pour mettre notre production en désarroi. Cette fois du moins le marché a été bien défendu, et il est resté en nos mains, non comme faveur, mais comme prix de la lutte. Veut-on savoir maintenant où est le secret de cette défense ? Dans la mobilité des inventions, dans l'art des surprises, dans une escrime constamment offensive et qui ne laisse jamais rien à découvert.

S'il fallait une garantie de plus de cette sécurité laborieusement acquise, l'exposition des lainages nous la fournirait. Notre concurrent le plus redoutable est évidemment Bradford, siège principal des industries qui tissent la laine peignée. Nulle part on n'est parvenu à tirer parti avec un art plus sûr des toisons anglaises, que distinguent le lustre et la longueur des brins. C'est Bradford également qui a su donner aux poils de chèvre, d'alpaga et de lama, les façons qui les ont rendus propres à la fabrication des belles étoffes rases. Voilà deux avantages ; le troisième, qui en est la conséquence, c'est l'ampleur des affaires : on n'évalue pas à moins de 500 millions de francs le mouvement annuel de ce marché. Un seul fabricant, M. Titus Salt, a construit aux portes de la ville une manufacture qui est devenue un bourg, Salter, du nom de son fondateur. Les proportions de cet établissement dépassent toute croyance. Ateliers, logements d'ouvriers, église, écoles, halles, infirmerie, ont été faits d'un jet par les soins du même homme, aux frais de la même caisse, il y a dix ans de cela. C'est aujourd'hui une ruche qu'animent 4,000 ouvriers et 1,500 chevaux-vapeur ; les poils et les laines y arrivent à l'état brut, et, sans sortir de l'enceinte, s'y transforment successivement en fils, en pièces écrues, en tissus de couleur. Point de confusion d'ailleurs entre les produits ni entre les tâches ; toute nature de travail a un atelier distinct, et des appareils électriques mettent le chef de l'établissement en communication constante avec chacun de ces ateliers ; d'heure en heure, il reçoit des avis et expédie des ordres, l'unité du commandement plane sur cette activité disséminée. Un foyer d'industrie qui peut mettre en ligne de tels champions se désigne de lui-même à notre vigilance ; il est bon d'être en garde vis-à-vis de concurrents qui manient des masses aussi considérables de capitaux et de produits.

Le cas échéant, quels seraient nos moyens de résistance ? Nous avons quatre villes dont le travail principal est le même qu'à Bradford : Roubaix, Reims, Amiens et Sainte-Marie-aux-Mines, dans les Vosges. Les trois premières ont un crédit établi, la dernière est en voie de fonder le sien. Réunies, et dans les années actives, elles peuvent entrer en balance avec Bradford pour l'importance des affaires. Quant aux produits, les voici sous nos yeux, il n'y a qu'à comparer. Pour simplifier les choses, le mieux est de s'en tenir aux étoffes rases et de grand débit, sans insister sur les noms qu'on leur donne : mohairs, lenos, sultane, Orléans ; ces noms de caprice ne sont ni une indication ni une garantie de la composition du tissu. Le seul moyen d'être intelligible au milieu de cette multitude de désignations, toutes de métier, c'est de rester dans les généralités. Or d'un examen général, on est conduit à conclure que, si à de certains égards Bradford est plus industriel que nous, nous sommes incomparablement plus artistes que lui. A quelque produit qu'on l'applique, la distinction porte juste ; nous passons au second rang là où il y a plus d'industrie que d'art, nous reprenons le premier quand il y a plus d'art que d'industrie, et l'art ici ne signifie pas seulement une décoration meilleure, il est également dans le mélange des fils, dans la proportion des calibres, dans ce qui constitue l'aspect d'une étoffe. Notre marché est dès lors d'un accès difficile pour tout ce qui est orné, facile au contraire pour les unis, les Orléans surtout, où les Anglais ont atteint une perfection qui nous échappe. Tout récemment il s'y est joint un autre motif d'inquiétude : c'est une avalanche d'étoffes à l'usage du peuple, qu'on peut voir empilées dans quelques magasins de nouveautés. Rien de plus défectueux : c'est grossier, mal teint, de largeur très réduite ; mais le prix est de 60 centimes le mètre, on a une robe pour 4 francs. Ces surprises ont été tentées plus d'une fois, elles ont constamment tourné contre leurs auteurs ; si Roubaix n'était pas dans une heure de découragement, il aurait déjà pris sa revanche.

II. Les industries du vêtement et de l'ameublement...

Dans les étoffes foulées, c'est-à-dire la draperie et ses dérivés, il ne semble pas que nous soyons serrés de si près, et le régime de cette industrie y contribue beaucoup ; à force de mobilité, elle déroute toute concurrence. Il y a vingt ans, on ne connaissait guère que des draps unis ou lisses, de laine pure, souples et résistants. Sauf le noir, qui n'a jamais pu être bien fixé, les couleurs étaient franches, solides, ne s'altérant point à l'air ni par le frottement. Dans ces conditions, et malgré les changements de goût, une étoffe traversait une saison sans trop se déprécier ni tomber dans les rebuts. La part de l'aléatoire était limitée ; elle est sans limites depuis qu'à la draperie unie a succédé ce que l'on nomme la draperie de nouveauté. On sait en quoi cette draperie consiste ; mais peu de personnes en connaissent les origines. On la doit à M. Bonjean, Belge d'origine, qui s'était fixé à Sedan, où on l'avait vu débuter, grandir et marcher rapidement à la fortune. Doué d'une imagination active, il fut en outre servi par le hasard. Un jour on lui apporta l'échantillon d'un drap qui allait être mis sur le métier ; l'aspect lui en parut défectueux ; l'étoffe était maigre, mal venue, et comme le vice était moins dans l'exécution que dans la matière, il n'en pouvait pas attendre un produit régulier. Que fit-il alors ? Il imagina une combinaison purement de fantaisie, mêla quelques fils de soie aux fils de laine et en régla le jeu par des cartons. C'était une hardiesse au succès de laquelle personne ne croyait. Dès que la première pièce fut achevée, on l'envoya en essai à un tailleur de Paris. La réponse fut une forte commande, la nouveauté avait réussi : l'étoffe reçut le nom de l'inventeur, et le genre l'a longtemps gardé ; c'était l'étoffe Bonjean, introduite dès lors dans le domaine public, et qui, sous diverses formes, est encore la grande draperie du jour. Que de mélanges et de dessins elle a usés déjà au service d'un maître capricieux ! Il y en a eu pour tous les goûts, même les plus bizarres. A chaque saison, ce sont vingt draps nouveaux. Les uns sont gaufrés, d'autres jaspés, d'autres zébrés, les derniers venus sont piquetés de blanc ; on en fait à côtes, à carreaux, à rayures ; le teint varie des nuances les plus tendres aux tons les plus sombres. Une remarque à faire, c'est que de la bourgeoisie ce goût est passé au peuple avec des bariolages qui ne sont pas toujours heureux, témoins ces draps exposés, de fonds noir ou brun et criblés de plaqués qui ressemblent à des flocons de neige.

Plus que l'ancienne, la draperie nouvelle a exercé le génie du fabricant ; elle exclut pour ainsi dire le repos et oblige l'imagination à de perpétuels efforts. Tous les six mois, c'est une partie qui se lie et qui a ses émotions comme ses surprises ; bon gré, niai gré, il faut changer de manière sous peine d'être dépassé. Les grands industriels mènent la partie, inventent, combinent, s'arrangent pour que rien ne transpire de leurs travaux ; les petits fabricants sont aux écoutes et s'associent du mieux qu'ils peuvent au mouvement ; c'est un constant état de fièvre. Le besoin de se renouveler tient les esprits en haleine ; la routine n'a plus d'empire quand le mot d'ordre est le changement. Aucun succès n'est d'ailleurs durable ni sûr, même pour les réputations établies ; les noms, les titres acquis, ne préservent pas d'un échec quand on se trompe. Comment en serait-il autrement ? . Le public est là, qui impose ses décisions, ses fantaisies, ses goûts souvent équivoques. En réalité, les fabriques en renom exploitent à peu près les mêmes genres et S'adressent aux mêmes clients, qui sont les principaux tailleurs et les maisons de commission pour l'intérieur et le dehors. C'est devant ces juges du camp que chaque année le tournoi s'ouvre, et malheur aux vaincus, c'est-à-dire aux articles qui ne réussissent pas ! Une déchéance les frappe ; ils tombent dans ce qu'on nomme *les soldes* et sont voués aux plus onéreuses liquidations. Cette perspective ferait de la draperie de nouveauté une dangereuse industrie, si on ne corrigeait pas ce qu'elle a de trop aléatoire. Les établissements de premier ordre ont pris là-dessus un parti décisif ; ils ne travaillent qu'à coup sûr et après commandes. Ils traitent avec une ou plusieurs maisons de Paris, discutent les genres, arrêtent les prix, fixent les quantités et transportent à leurs acheteurs le monopole de l'article. C'est, comme on dit, un marché ferme. De tels marchés ne se passent d'ailleurs qu'entre puissances, c'est-à-dire d'une part entre fabricants qui ont fait leurs preuves et acquis le droit de dicter des conditions, d'autre part entre marchands qui sont posés de manière à mettre une étoffe en vogue et savent couvrir leur retraite en cas d'échec. Une impulsion est ainsi donnée par l'élite ; le gros de la fabrique cède au courant.

Dans ce régime militant, la draperie de nouveauté trouve, comme on va le comprendre, un puissant moyen de défense contre le produit étranger. Si déjà pour nous-mêmes le métier est difficile, si nos fabricants ne sont pas toujours sûrs de rencontrer juste dans le choix de leurs étoffes de saison, s'ils sont tenus, sous peine d'échec, d'étudier les variations du goût public et d'y conformer leurs services, combien ces entraves et ces risques ne s'aggraveraient-ils pas pour le fabricant anglais, belge ou autrichien ! Puis que de charges en surcroît : les frais de transport, les assurances, les commissions, les droits d'entrée ! Voilà plus qu'il n'en faut pour décourager la spéculation la plus téméraire. S'appliquât-elle à quelques types fixes, que les types mobiles, les seuls en vogue, lui échapperaient ; tout envoi arriverait à contre-temps et trouverait la place prise. On a vu en effet que la tenue de la draperie de nouveauté sur les marchés régulateurs est pour ainsi dire commandée par des engagements préalables ; dès lors les quantités en excès se trouveraient en face d'acquéreurs pourvus et de besoins remplis. Un écoulement n'aurait lieu qu'au prix de grands sacrifices, et de semblables opérations ne se renouvellent pas ; ce sont des leçons qui datent. Cette catégorie d'étoffes est donc hors d'atteinte ; ni Huddersfield, ni Leeds, ni Verviers, ni Brunn, n'entameront Elbeuf, Louviers et Sedan. Tout au plus y aurait-il quelque chose à craindre des comtés de Wilt et de Glocester, qui sont restés fidèles à la draperie sévère, si leurs prix n'étaient pas sensiblement au-dessus des nôtres. Toutes ces localités ont d'ailleurs des expositions qui ne laissent rien à désirer. Elbeuf et Sedan soutiennent dignement leur nom, Verviers est en plein essor, Brunn plutôt en déclin. Dans la draperie moyenne, nous avons Vienne et Vire, qui, avec leurs unis et leurs articulés noirs et de couleur, poussent aussi loin que possible la modération des prix unie à la solidité de l'étoffe ; il en est de même de la Lorraine et du Languedoc, où sont situés les établissements qui fabriquent nos draps de troupe. Pour ces divers articles, on arrive à la dernière limite d'un rabais régulier.

Voici maintenant des cas où cette limite est dépassée, Dans la section anglaise et sur la droite de la galerie du vêtement règne une suite d'étalages à découvert garnis de coupons de drap avec leurs étiquettes. On y lit non-seulement le nom des villes qui les exposent, Leeds, Huddersfield et Halifax, mais encore les dimensions et les prix des étoffes exposées. La curiosité est piquée ; on s'arrête, Ce n'est pas que l'objet en vaille la peine, rien de plus grossier, c'est un simple feutrage ; l'intérêt est dans l'étiquette, à la mention des prix. Les plus chers de ces draps sont cotés à 2 francs 50 centimes le mètre ; les autres vont en diminuant jusqu'à 1 franc 75 centimes ; il y en a de toutes les nuances et de toutes les combinaisons ; quelques-uns, tout inférieurs qu'ils sont, ont la prétention d'être des œuvres d'art. Un mètre de drap de largeur ordinaire à franc 75 centimes, c'est à n'y pas croire. Avec quelle laine a-t-on pu le confectionner ? quelle main-d'œuvre superficielle y a-t-on appliquée ? Voici le mot de l'énigme : jusqu'à ces derniers temps, on n'avait pas songé à tirer parti des débris de nos vêtements, ni à restituer aux fabriques sous la forme de chiffons les matières qui en étaient sorties sous la forme de draps. Les haillons du pauvre et les rebuts du riche ne servaient guère que d'engrais à la vigne et au houblon. Il y avait là une lacune, on l'a

Louis Reybaud

comblée. Une fabrication de seconde main existe aujourd'hui ; elle est florissante, on a essayé de la relever par le nom, c'est en termes de fabrique de la *renaissance*. Les chiffons de laine, ramenés dans les ateliers, y sont soumis à un défilochage, passés au chlore, blanchis et cardés. Comme la substance est énervée, on la traite par le feutrage, et, vu son prix, on la prodigue. On compose de la sorte des étoffes très épaisses qu'on envoie à l'impression et qu'on décore de dessins dans le goût populaire. Cela ne vaut guère que le prix marqué ; l'étoffe a une raideur qui la rapproche du carton ; elle fait poche partout où la pression du corps s'exerce. Tels quels, ces draps ont néanmoins leur place dans la consommation, et, bien que sur une moindre échelle que les Anglais, nous en répandons dans le commerce. Les halles qui ont une clientèle rurale en sont pourvues ; les magasins de confection en emploient des quantités considérables ; on y découpe ces habillements qui garnissent les devantures et se recommandent à la foule par la modicité des prix. Avec du drap à 2 francs le mètre et les machines à coudre, on peut fournir le public à bon marché et glaner encore quelques bénéfices.

Des industries du vêtement, il ne reste à mentionner que les chanvres et les lins pour clore cette série ; peu de mots suffiront. C'est la même famille que les soies, les cotons et les laines ; la plupart des traits sont communs. Le régime est exclusivement manufacturier pour le filage ; il est manufacturier ou domestique pour le tissage, suivant les localités. Cette industrie est d'ailleurs très vigoureuse ; elle profite aux champs et à l'atelier dans un cumul d'activité et de richesse, et n'expose pas les populations aux troubles et aux incertitudes d'un approvisionnement lointain. Le seul inconvénient est l'insalubrité qui accompagne une partie des travaux ; elle est insalubre au rouissage, insalubre également dans le filage, qui a lieu au milieu de vapeurs humides et chaudes et par de brusques changements de température. Dans les grands établissements, comme ceux qui entourent Lille et Armentières, cette insalubrité a pourtant disparu. Nulle part les ateliers ne réunissent à un plus haut degré la perfection des machines et les bonnes conditions d'aérage. On n'est pas mieux installé en Angleterre et en Ecosse. La qualité des produits répond à la précision des instruments : les toiles que notre Flandre expose sont des plus belles ; d'un autre côté, les Vosges et l'Anjou confirment leurs anciens titres par une nouvelle sanction. Dans l'ensemble, les toiles françaises ne le cèdent ni à celles de la Silésie et de la Saxe, ni à celles de Belfast et de Glasgow ; le grain des nôtres serait peut-être plus serré, l'échelle des finesses mieux réglée, le fil d'un calibre plus égal, et ce qui le témoigne, c'est que nous restons les maîtres à peu près exclusifs de notre marché ; on ne bat en retraite que devant les forts. Maintenant que dire des tissus inférieurs auxquels la disette du coton avait donné une notoriété éphémère ? Ils sont bien effacés déjà et ne méritent guère qu'on les sauve de l'oubli. A l'essai, aucun n'a tenu ce qu'on espérait. Le jute manque de souplesse, se teint mal et ne drape pas ; l'herbe de Chine est d'une nature si savonneuse que les mailles, glissant les unes sur les autres, n'acquièrent jamais de consistance ; les deux textiles sont jugés, presque condamnés. A quoi bon d'ailleurs courir de telles aventures quand on en est venu à produire industriellement et par masses des étoffes de laine ou de laine et coton à 60 centimes le mètre, des draps à 1 franc 75 centimes ? Chercher après cela des graminées et des fibres d'un emploi meilleur et moins coûteux n'est plus qu'une lubie de savant ou une gageure puérile.

IV

Voici encore une industrie où l'art met sa touche comme dans les tissus : c'est celle de l'ameublement. Elle relève à la fois de la sculpture et du dessin. Pour l'exécution, on peut être fier d'elle, on ne saurait l'être pour l'invention ; sa seule originalité consiste à changer de modèles et à promener l'imitation de siècle en siècle, au gré du goût régnant. Dans l'ébénisterie par exemple, jusqu'où cette manie n'est-elle pas allée ! Nous avons été un instant livrés à la lettre aux antiquaires. Un meuble n'avait de prix qu'à la condition d'être ancien ; s'il ne l'était, il devait du moins le paraître ; le neuf ne passait que sous ce déguisement. Singulière infirmité, et il n'est pas certain que nous en soyons bien guéris. Il est toujours fâcheux de s'asservir à promener un calque sur la tradition, quelque glorieuse que cette tradition puisse être. Nulle ne l'est plus que celle de la France. Nous avons là dès le début tout un art, et un art exquis. Cet art remonte aux premiers procédés d'assemblage, c'est-à-dire au moment où les meubles cessent d'être assujettis au moyen des goujons en fer et où l'on emploie la colle pour faire les joints. Alors naît la grande sculpture sur bois, au seuil même de la renaissance, qui s'en empare et la livre au ciseau de ses maîtres, Jean Goujon, Germain Pilon, Jacques Sarrazin. Que de chefs-d'œuvre coup sur coup, frises, décorations, buffets d'orgue, stalles, chaires, bahuts, crédences ! Ce qu'on en voit dans nos musées et dans nos églises suffit pour donner une idée du génie du temps ; rien de plus achevé ni de plus vigoureux ; c'est la grâce unie à la force. Dans cette période, c'est la sculpture qui l'emporte ; plus tard ce sera la marqueterie. Déjà sous Henri IV et sous Louis XIII le style de la renaissance dégénère ; le meuble devient plus lourd, plus triste. Il faut franchir un demi-siècle pour arriver à un autre genre et à une autre supériorité. Boule imagine alors et pousse à une perfection incomparable l'art d'incruster le bois et d'y distribuer avec un goût parfait des ornements de cuivre, d'écaille, d'ivoire, de nacre, de burgau, même de corne et de baleine. Du temps des sculpteurs, le chêne suffisait à leurs compositions ; tout au plus le suppléait-on par quelques bois indigènes. Pour les œuvres de marqueterie, on eut recours à d'autres bois, et le commerce en amena de tous les points du globe : l'acajou, l'ébène, le palissandre, le citronnier. Boule fit école, et cette école remplit la France de chefs-d'œuvre ; jamais meubles plus riches ne garnirent les appartements.

Après lui, il y eut, sous Louis XV, quelques déviations et un excès de mouvement dans les formes. Un bois peu connu, peu employé auparavant, depuis prodigué jusqu'à l'abus, le bois de rose, fournit un placage très recherché, et sous ce nom on comprit toutes les essences d'un ton fauve ou jaune allant jusqu'au rouge veiné de noir. C'était ou le liseron des Antilles ou le balsamier de la Jamaïque, parfois même des racines d'arbres à couches concentriques et à structures bizarres. Le style d'ailleurs allait d'affectation en affectation. Plus de jambes droites ni de lignes uniformes ; les pieds sont contournés ; les panneaux courbes, on sent la manière et l'effort ; l'ameublement répond à la galanterie qui règne. La laque joue aussi un rôle déjà connue sous Louis XIV, elle entre pour une plus grande part dans le revêtement et se marie avec l'incrustation et la dorure. Les choses durent ainsi, avec des veines heureuses ou médiocres, jusqu'à l'avènement de Louis XVI, ou la sculpture, longtemps délaissée, se relève dans le découpage du bois et surtout dans le travail des sièges et des fauteuils. Ce fut une belle époque pour l'ameublement, celle où la délicatesse du goût s'allia le mieux à la richesse de l'exécution. Riesner y donnait le ton pour la marqueterie, Goutière pour la ciselure ; c'est à leurs talents combinés que l'on doit ces meubles ornés de cuivre qui ont laissé un nom et une date dans l'industrie. Les sièges et les fauteuils n'étaient pas traités avec moins de soin. Des médaillons en tapisserie de Beauvais ou en damas de Lyon garnissaient ces bois merveilleux et en rehaussaient l'effet ; tout était assorti dans ces témoignages d'une opulence qui allait disparaître et se signalait par un dernier éclat.

C'est à ces réminiscences que depuis trente ans l'art de l'ameublement demande des motifs de décoration. Il lui a fallu pour cela se guérir de l'épidémie d'antiquité grecque ou romaine qui, dans le premier quart de ce siècle, envahit nos écoles de dessin. Il n'y avait plus qu'un bois, l'acajou, plus qu'une forme, la ligne droite. Cette cure ne s'opéra pas sans effort, et le plus heureux de ces efforts fut un retour vers le siècle qui venait de finir et dont les souvenirs paraissaient oubliés. Jacob en eut des premiers le sentiment et copia, ligne par ligne, quelques-uns de ces meubles qu'on laissait pourrir dans les greniers. Cet essai réussit pleinement. Toute cette grâce méconnue et abandonnée surprit et charma les yeux ; l'engouement s'en mêla, et comme toujours on passa d'un excès à l'autre. De là cette chasse aux vieux mobiliers qui mit en campagne tant de brocanteurs et dévalisa les provinces au profit de Paris ; de là également cet abus de l'imitation, qui en se prolongeant nous livre sans défense aux médiocrités. Pour quelques essais passables, que de lourdes contrefaçons ! Rapprochées des vrais débris du passé, comme ces tristes copies pâlissent ! Ces cuivres, ces découpures, ces incrustations, procédant des ornements anciens, n'en ont plus ni le charme ni le cachet individuel ; encore moins retrouve-t-on dans ces meubles d'imitation la légèreté d'aspect qui cadrait si bien avec le caractère et les allures de nos aïeux. Quel degré de ressemblance attendre des œuvres de la main, quand les tours d'esprit sont si différents !

L'intérêt de cette exposition était précisément de savoir si l'industrie de l'ameublement était résolue à rompre avec ce long plagiat. Vérification faite, le doute subsiste. On a bien quelque peu retranché dans les sculptures exubérantes, émondé ce qu'il y avait de trop luxuriant dans les détails, c'est un art qui se range après une jeunesse orageuse ; mais c'est toujours le même art. Tous ces meubles français ou étrangers ont un grave défaut, ils manquent de caractère. Prenez les panneaux un à un, vous constatez partout la sûreté et l'adresse de la main ; l'ensemble néanmoins ne laisse qu'une impression vague. On a sous les yeux des objets dont la signification échappe. A quoi sont-ils destinés ? On ne le saisit pas d'abord ni sans commentaire. Cela tient à ce qu'on s'y est montré moins préoccupé de l'usage ou du style que de la richesse, et qu'on les a trouvés suffisamment commodes dès le moment qu'ils étaient copieusement ornés. Peut-être le tort en est-il moins au fabricant qu'au client, enclin à imposer son mauvais goût. Autrefois l'artiste n'avait affaire qu'à des souverains ou à de grands seigneurs ; maintenant il est obligé de compter avec tout le monde et souvent de se gâter la main pour plaire à des acquéreurs inintelligents. La profusion des ornements nous vient de là ; c'est une

Louis Reybaud

des faiblesses des parvenus. On aime ce qui brille, ce qui saute à l'œil, ce qui a les apparences de la richesse ; on prise moins les travaux délicats ou sévères qui s'adressent à l'élite et relèvent de suffrages plus éclairés.

Personne n'est plus heureux en ce genre que M. Fourdinois ; dans les trois concours qui se sont succédé, des récompenses de premier ordre lui sont échues, en 1855 pour une bibliothèque en poirier noirci, en 1862 pour un bahut d'ébène, en 1867 pour deux meubles, l'un en chêne sculpté, l'autre en ébène, relevés par une riche marqueterie. Ces meubles sont à la fois d'une exécution d'apparat et d'un genre indéfini, double écueil volontairement affronté. On peut tout aussi bien y voir des médailliers, des bahuts ou des armoires. Tels quels, ce sont des modèles d'incrustation patiente. L'un des soubassements est à lui seul une page d'art, un peu chargée, mais exquise ; le jaspe, le vert antique et le lapis-lazuli sont enchâssés et combinés de telle sorte, les bois choisis et préparés avec une telle entente des effets, que l'harmonie se maintient au milieu des plus vigoureux contrastes ; des statuettes d'un très bon style achèvent cette décoration. En réalité, ce ne sont pas là des meubles ; ce sont des objets d'art et de curiosité, comme on en trouve encore dans quelques galeries italiennes, et qui au temps de la renaissance se distribuèrent à profusion dans les palais des princes ou de marchands comme les premiers Médicis. A quoi répondraient aujourd'hui des meubles pareils ? Il leur faut plus d'espace qu'on n'en a communément, des oisifs qui puissent en jouir, des curieux qui sachent les goûter, des riches qui ne regardent pas de trop près au prix qu'on en demande ; c'est un débouché bien réduit. Les Anglais en sont comme nous à l'imitation, avec un degré de plus ; ils nous copient dans ce que nous copions. Seulement, et où reconnaît là une qualité qui leur est habituelle, ils approprient mieux les objets à la destination ; ce mérite est commun à leur ébénisterie, à leur orfèvrerie, à leurs bronzes, à leurs poteries et à leurs cristaux. Ils en ont un second, c'est le soin de l'exécution ; au point de vue du métier, ils sont irréprochables ; rien, de mieux ajusté que leurs meubles. Au point de vue de l'art, ils satisfont moins, l'ornement est souvent lourd, et les couleurs sont volontiers criardes. Ni les musées ni les écoles n'ont pu introduire dans leur goût ce que donnent seuls le tempérament et la race, le choix, la mesure, l'inspiration. Il y a pourtant des exceptions à faire pour de vigoureux morceaux de sculpture et de ciselure. L'Allemagne a aussi quelques bons échantillons de marqueterie, mais c'est au ciseau de ses sculpteurs qu'elle doit ce qu'elle nous montre de plus achevé, des bas-reliefs, des panneaux de bahuts, des armoiries dans un goût gothique et franchement féodal. L'Italie enfin nous envoie du berceau de la renaissance un témoignage du changement que le goût y a subi ; c'est le même art, mais alourdi par les années. Les bordures sont massives, d'une largeur extravagante, taillées dans le bois en forme de feuilles d'acanthe et de brocoli, surmontées de figures en ronde-bosse de dimensions outrées. Certain buffet a les proportions d'un monument, les sculptures y ont de tels reliefs et prennent du haut en bas une telle place que les abords en sont pour ainsi dire interdits ; ce ne sont partout, que feuillages, fruits, sujets de chasse et de pêche ; dans cette profusion, ni l'harmonie des lignes ni les ménagements à garder pour les convenances du service ne sont respectés.

L'industrie des métaux précieux ne nous retiendra pas longtemps ; elle a peu gagné depuis les derniers concours ; de l'application, du soin, de la conscience, c'est tout ce qu'on y relève. Un certain niveau semble avoir passé sur les produits : tout le monde conçoit et exécute à peu près dans les mêmes conditions. D'où vient cela ? D'une cause à peine perceptible aujourd'hui, destinée plus tard à agir profondément sur les arts qui s'inspirent du dessin. Qui ne voit les procédés chimiques et mécaniques envahir le domaine de l'inspiration et de l'interprétation libres ? Pour peu que la reproduction rigoureuse s'étende, que deviendra la reproduction arbitraire ? L'objectif du photographe remplacera le coup-d'œil et le crayon de l'artiste. Naguère la miniature seule était menacée ; c'est maintenant la gravure, la sculpture, le paysage, et que serait-ce si, après avoir fixé la ligne, on parvenait à fixer la couleur ? On conçoit de quels secours sont de tels expédients pour des mains inhabiles ou paresseuses ; les plus vaillantes s'y laissent même gagner, et on citerait des peintres de renom qui en usent pour les ébauches de leurs toiles. Toujours est-il que les vitrines des orfèvres, des bijoutiers et des joailliers présentent un peu d'uniformité, et qu'il en faut voir la cause dans ces moyens commodes d'obtenir l'image exacte et même la réduction à volonté des objets. Les grandes maisons comme celles de MM. Odiot et Christofle pour l'orfèvrerie, MM. Bapst pour la joaillerie, n'en gardent pas moins leur rang, et s'appliquent de leur mieux à soustraire le génie de leur industrie aux facilités énervantes vers lesquelles on l'entraîne.

A passer en revue tous les arts de décoration, il y aurait encore bien des articles à y comprendre, et au premier rang les tapisseries des Gobelins et de Beauvais, et les porcelaines de Sèvres. C'est la perfection même et l'une des passions du public. Le succès n'est pas moindre pour Baccarat et Saint-Gobain. Baccarat, avec ses grands

Louis Reybaud

lustres à cristaux, a donné à l'espace dont il dispose l'aspect d'une salle de bal ; Saint-Gobain a disséminé dans les galeries du palais les magnifiques glaces sorties de ses coulées. Saint-Gobain doit être le vétéran de nos établissements d'industrie ; il fut créé par Colbert, qui voulait enlever à Venise le monopole de ses miroirs. Les plus singuliers engouements marquèrent ses origines. Louis XIV le protégeait, et c'était parmi les courtisans à qui irait sur ses brisées. Saint-Simon raconte à ce sujet d'une comtesse de Fiesque, qui « n'avait presque rien parce qu'elle avait tout fricassé, » une histoire qui prouve combien le succès fut vif. « Tout au commencement de ces magnifiques glaces, alors fort rares et fort chères, elle acheta un parfaitement beau miroir. — Hé ! comtesse, lui dirent ses amis, ou avez-vous pris cela ? — J'avais, dit-elle, une méchante terre et qui ne me rapportait que du blé. Je l'ai vendue et en ai eu ce miroir. Est-ce que je n'ai pas fait merveille ? Du blé ou ce beau miroir ! » On a aujourd'hui des miroirs plus beaux à de moindres prix. Les glaces qui valaient, il y a un siècle, 300 francs le mètre se vendent 30 fr., et on fabrique 365,000 mètres par an ; avec le prix d'une terre, on garnirait de trumeaux une petite ville. C'est que de grands progrès ont été faits dans la perfection et la promptitude des opérations, la hardiesse des procédés, l'étendue des surfaces, et que la manufacture, dans cette longue succession de maîtres, est toujours tombée en de fortes mains.

En résumé, comme on l'a vu, ce qui manque aux industries et aux arts dont nous venons de récapituler les titres, c'est l'originalité. Parviendront-ils à la reconquérir ? C'est une grosse tâche pour des temps de déclin. Dans les arts comme en toutes choses, à mesure que les civilisations vieillissent, l'invention semble se rétrécir. Sans doute, s'il survenait un vrai génie, tout ce qui nous enchaîne aujourd'hui à une certaine médiocrité, la diffusion de la richesse, l'action qu'exerce dans le domaine des arts cette foule de clients qui autrefois s'en tenaient éloignés, l'altération du goût dont cette invasion a été suivie, la nécessité où l'on est d'y conformer les travaux de la pensée et de la main, tous ces empêchements, toutes ces difficultés ne seraient rien devant la puissance d'un grand exemple ; mais les génies où sont-ils ? Qui en donnera à notre monde appauvri ? C'est du ciel qu'ils descendent, et il en est avare. Qui nous donnera surtout de ces génies simples dans leur grandeur et ne gâtant pas, à force de s'enivrer d'eux-mêmes, les dons qu'ils ont reçus d'en haut ? C'est là le problème, et, à vrai dire, il n'est pas à la veille d'être résolu.

Quoique l'exposition de 1867 ne soit parvenue qu'à la moitié de son cours, sa mission essentielle est remplie ; le plus puissant moyen

II. Les industries du vêtement et de l'ameublement...

qu'elle eût d'agir sur ses justiciables lui a échappé : elle a distribué ses prix. La cérémonie a été fort belle, c'est la seule joie sans trouble qu'ait eue le commandeur des croyants, étonné au fond de se trouver là. Point de mécompte dans la mise en scène, pas un point noir à l'horizon. Le lendemain seulement un orage a éclaté, et avec quelle furie, les grands foyers d'industrie le savent ; il dure encore et gagne les petites localités qui n'en avaient jusque-là reçu que d'insignifiantes atteintes. Ces récriminations ne sont pas nouvelles : dans tous les concours de ce genre, les exposants se sont trouvés mal jugés, les lauréats plus mal que les autres ; ceux qui avaient du bronze auraient voulu de l'argent, ceux qui avaient de l'argent auraient voulu de l'or, les petits prix contestaient les grands prix et les mentions — ayant pour elles le nombre — menaient un bruit à tout dominer. Le temps fera justice de ce concert de doléances et d'accusations où les vanités individuelles se retranchent derrière des griefs généraux pour frapper des coups plus sûrs. Le seul devoir qui reste aux personnes désintéressées, c'est de s'assurer si parmi ces griefs il n'en est point de fondés et d'une gravité telle qu'il y ait intérêt à les porter devant le public.

Le premier reproche que l'on fait à la commission impériale, c'est d'avoir multiplié outre mesure les prix impersonnels au détriment des récompenses individuelles. Ainsi beaucoup de médailles d'or décernées à des corps moraux, contrées, villes, chambres de commerce, ont eu pour conséquence d'abaisser d'un degré les médailles accordées aux exposants de la localité. Dans le groupe de Lyon par exemple, il a suffi d'une médaille d'or donnée à la chambre de commerce, qui n'en a que faire, pour condamner à la médaille d'argent quinze ou vingt industriels de premier ordre, qui, dans les concours précédents, avaient obtenu les récompenses supérieures, médailles de prix en Angleterre, en France grandes médailles d'honneur ou médailles d'or. N'est-ce pas là, dit-on, une mauvaise note, une diminution de grade, comme on en inflige dans l'armée à ceux qui ont démérité ? Encore si cette sobriété dans l'octroi de la médaille d'or eût été générale, la résignation fût devenue plus facile ; mais ces mains fermées pour une classe s'ouvraient largement pour d'autres : le hasard, le caprice, en décidaient. Croirait-on que les boissons fermentées ont eu 84 médailles d'or, tandis que la soie et les soieries n'en obtenaient pas une et en outre 191 médailles d'argent, le tout pour des marchands plutôt que pour des vignerons. Que signifient enfin ces grands prix distribués entre les états plus ou moins engagés dans la culture du coton, l'Égypte, le Brésil, la Turquie, l'Italie, l'Algérie, les Indes anglaises ? A qui les adresser et à quel écusson les suspendre ? Passe encore pour des grands prix d'empereurs, ceux-là ne restent pas en chemin ; il y a assez d'officieux pour les remettre aux destinataires.

A ces remontrances, à ces plaintes, la commission impériale répond en rejetant sur les jurys de classe, puis sur les jurys de groupe, qui forment le second degré de juridiction, la responsabilité de ces erreurs, de ces contradictions, de ces fantaisies. Ces jurys agissent séparément et dans une pleine indépendance ; on ne saurait leur demander ni en attendre une conformité rigoureuse dans la manière de procéder. Ils se composent de membres français et étrangers ; on n'y réunit des noms de quelque poids qu'à la condition d'affranchir les jurys des formes gênantes et d'avoir un certain respect pour leurs décisions. Dans tout cela, il y a bien la part des infirmités humaines ; mais où ne se glisse-t-elle pas ? Le plus fâcheux, c'est que l'arrêt une fois rendu n'est susceptible ni d'appel, ni de recours. Le jury se disperse, et on serait mal venu à le convoquer de nouveau pour se réformer lui-même. Quant à une réforme d'office, il n'y faut pas songer : ce serait la ruine du principe même des expositions. Pour que les autres états y acquiescent, il est de règle que la main du pays qui les inaugure n'en rende pas le régime trop onéreux, et que les balances où les titres se pèsent ne soient pas soupçonnées d'avoir des poids inégaux. Le respect des décisions prises est donc de rigueur. Tout au plus peut-on panser les blessures les plus vives, réparer quelques omissions, ajouter aux faveurs accordées. C'est une révision amiable, un supplément d'instruction qui apaise sans rien infirmer. Voilà comment la commission impériale se défend, et dans une certaine mesure elle a raison. A réparer toutes les erreurs et redresser tous les torts, il faudrait guerroyer sans relâche et la lance au poing : personne n'est infaillible. Seulement il est difficile de supposer qu'à aucun degré de la juridiction des récompenses les présidents de groupe d'abord et après eux la commission impériale n'aient pu arrêter cette pluie de médailles d'or et d'argent qui est tombée comme une manne sur deux cent soixante-quinze vignerons ou prétendus tels. C'est un miracle à mettre à côté de celui des noces de Cana.

Toute grandeur s'expie, et l'exposition de 1867 n'échappera pas à cette loi : son châtiment sera d'avoir rendu impossible les expositions futures, à moins qu'elles ne se résignent à déchoir. Vainement cherche-t-on par où l'on pourrait renchérir sur les scènes dont nous sommes témoins. La part de l'agrément ? elle est ample déjà, et on ne pourrait guère la pousser plus loin sans scandale ; la part des constructions accessoires ? qu'on demande à ceux qui ont fait les frais de celles-ci, s'ils seraient d'humeur à recommencer ; le nombre des exposants, la masse des produits ? mais l'encombrement est déjà exagéré, et on a calculé qu'à trois minutes par exposant il faudrait plus d'une année pour tout voir ; la pompe des fêtes ? la présence des souverains ? mais la série des fêtes données est déjà satisfaisante, sans compter celles qu'on nous réserve, et quant aux souverains il ne nous aura guère manqué que l'empereur de Chine, qui est trop sédentaire, et le président des États-Unis, qui est trop viager ; les autres auront été représentés ou seront venus en personne. Tout laisse donc croire que nous aurons joui d'un exemplaire unique dont nos neveux ne verront pas l'équivalent, sous cette forme du moins : les difficultés de dépense, d'espace, d'installations, ne seront pas vaincues deux fois. Mettons dès lors à profit les jours de grâce qui nous restent. Maintenant, pourquoi s'en cacher ? ce qui frappe le plus dans ce spectacle, c'est moins encore le témoignage de la puissance de l'homme que la profusion des inutilités dont il s'est fait un besoin. Lorsque dans le cours de toute une journée on a arpenté en long et en large ce vaste palais, poussé des reconnaissances dans ses plus riches galeries, qu'on s'est promené d'éblouissement en éblouissement, et qu'on s'en revient le soir avec beaucoup de fatigue dans les membres et un peu d'humeur dans l'esprit, on est plus d'une fois tenté de s'écrier comme ce sauvage à qui l'on montrait les merveilles de nos arts : Que de choses dont je puis me passer !

ISBN : 978-1547142033

Louis Reybaud